身のまわりの
仕組みがわかる

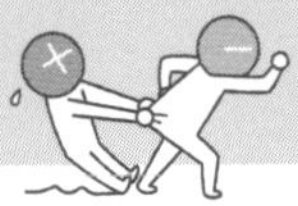

物理

について
大島まり先生に聞いてみた

大島まり監修

Gakken

はじめに

物理学が教えてくれる身近な不思議

みなさんは「物理」に対して、どのようなイメージをおもちでしょうか？「法則や数式が出てきたりして難しそう」あるいは「わかりにくい」などのネガティブな印象をもっている方が多いのではないでしょうか。

でも、子どもの頃に、ボール遊びや自転車にのる練習など、体を動しながら楽しんだ経験があると思います。また、「空はなんで青いの？」など、身のまわりの不思議について疑問をもったりしたこともあるのではないでしょうか。物理は、このように自然界や私たちの身のまわりに起こっているさまざまな現象を解きほぐしてくれる学問です。宇宙の起源など、まだまだわからないこともたくさんあり、物理に関して現在進行形で多くの研究が進められています。物理によって現象を理解することで、その機序を利用したり組み合わせることで今までにない新しい技術や機器を開発したり、社会課題の解決に役立つことができるのです。今ではなくてはならないスマートフォン、私たちが直面している環境問題など、物理を知り、理解を深めることで、今までとは異なった見方ができると思います。

とっつきにくいイメージをもっている物理に対して、少しでもその垣根を低くしたいと思い、私は研究だけでなく、物理に関するさまざまな活動をしています。その一つが、東野圭吾さんの推理小説であるガリレオ・シリーズに関わるテレビや映画の科学監修です。物理学者である湯川学教授が、難解な殺人事件のトリックを物理に基づいて解き証し、事件を解決へと導く物語です。私は、湯川教授が番組中で書く式を導いたり、内容の科学的な整合性など、番組内の科学全般に関わる監修を行いました。個人的に、東野圭吾さんのファンだったということもありましたが、科学監修に携わることで、物理のもつ面白さを再認識することができた貴重な経験でした。物理は普遍的であり、複雑に見える現象が実はシンプルであり、高校で習った物理が基礎となって発展しているということを改めて感じさせられました。

本書では、みなさんの身近にある小さなギモン、そのギモンが物理を知ることで「なるほど」に変わってほしい、そのような思いで本書に取り組みました。物理は数学とセットで考えられることが多いため、「数学が苦手だし、数式だと訳わからなくなるから物理はちょっと…」と思う方が多いと思います。ですが物理は、数式がなくてもイメージや感覚で理解できれば十分です。

「高校で習っていた物理は、興味がわかなかったし面白くなかった」と感じる方、是非、本書を手に取っていただき、読んでいただければと思います。物理に対するイメージが変わるかもしれないです。

では、物理が織りなす世界を楽しんでください。

CONTENTS

身のまわりの仕組みがわかる物理について
大島まり先生に聞いてみた

はじめに 物理学が教えてくれる身近な不思議……2

第1章 運動の基本となる「力学」

力学1 物体の動きはどうやってわかるのですか？……12
力学2 ニュートンの法則って何ですか？……14
力学3 慣性力って、どんな力ですか？……16
力学4 摩擦力はどうやって決まるんですか？……18
力学5 現実の物体の運動はどうして複雑なんですか？……20
力学6 血圧って圧力と関係ありますか？……22
力学7 アルキメデスの原理ってどんな原理ですか？……24
力学8 なぜ雨粒は高いところから降るのに痛くないんですか？……26
力学9 栓抜きでビンの蓋が簡単に開けられるのはどうしてですか？……28
力学10 物理で使われる「仕事」って何ですか？……30

力学11 ジェットコースターはほとんど電気を使わないって本当ですか？……32
力学12 ビリヤードのボールの運動には法則性がありますか？……34
力学13 どうして野球のホームランはあんなに飛ぶんですか？……36
力学14 遠心力はなぜ生じるのですか？……38
力学15 なぜフィギュアスケートのスピンは力を加えていないのに加速するのですか？……40
力学16 単振動はどうやって生じるのですか？……42
力学17 人工衛星のしくみについて教えてください！……44
第1章 用語解説……46

第2章 熱の性質を理解する「熱力学」

熱力学1 熱と温度って何が違うんですか？……48
熱力学2 熱力学には何か法則ってあるんですか？……50
熱力学3 ボイル・シャルルの法則って何を表しているんですか？……52
熱力学4 気体の状態方程式って何ですか？……54
熱力学5 気体が行う仕事にはどんな種類がありますか？……56
熱力学6 気体の中の分子はどう動くんですか？……58

熱力学7　内部エネルギーってどんなエネルギーなんですか？……60
熱力学8　エンジンにも活用される熱機関はどんな仕組みですか？……62
熱力学9　カルノーサイクルを利用した身近なものはありますか？……64
熱力学10　コージェネレーションシステムってどんなシステムですか？……66
熱力学11　熱力学を活用した再生可能エネルギーを教えてください！……68
第2章　用語解説……70

第3章　光や音を観測する「波動」

波動1　波の正体って何ですか？……72
波動2　波と波がぶつかり合ったらどうなりますか？……74
波動3　定在波ってどんな波ですか？……76
波動4　共振ってどんな現象なんですか？……78
波動5　音のうなりってどんなときに起こるんですか？……80
波動6　救急車の音が高くなったり低くなったりするのはなぜですか？……82
波動7　2次元や3次元では波はどのように進むんですか？……84
波動8　ドアを閉めていても外の音が聞こえるのはなぜですか？……86

波動9 逆さ富士はどうして見えるんですか？……88
波動10 シャボン玉はどうして虹色に見えるんですか？……90
波動11 なぜ眼鏡をかけると、モノがよく見えるのですか？……92
波動12 昼間と夕方で空の色が違うのはなぜですか？……94
波動13 どうして暗くてもスマホは顔認証できるのですか？……96
波動14 なぜ紫外線対策をしなければならないのですか？……98
第3章 用語解説……100

第4章 電気と磁気の関係を解き明かす「電磁気」

電磁気1 静電気はどうやって起こるんですか？……102
電磁気2 電気を通しやすい物質と通しにくい物質の違いは何ですか？……104
電磁気3 電子機器に使用されている半導体ってどんなものですか？……106
電磁気4 クーロン力ってどんな力ですか？……108
電磁気5 電位とは何を意味しているんですか？……110
電磁気6 どうして電気を流すと物質が熱くなるんですか？……112
電磁気7 超電導の仕組みを教えてください！……114

電磁気8 電池とコンデンサは何が違うんですか？……116
電磁気9 コンデンサに蓄えられる静電エネルギーって何ですか？……118
電磁気10 電気と磁気ってどんな関係があるんですか？……120
電磁気11 フレミング左手の法則ってどんな法則ですか？……122
電磁気12 電磁誘導はどうやって発生しますか？……124
電磁気13 なぜコンセントには＋極と－極がないのですか？……126
電磁気14 ワイヤレス充電の仕組みを教えてください！……128
電磁気15 回路にはどんな種類があるんですか？……130
電磁気16 電子レンジはどんな仕組みで温めているのですか？……132
電磁気17 電気自動車の仕組みについて教えてください！……134
第4章 用語解説……136

第5章 目に見えないものをとらえる「原子」

原子1 物質をつくる原子は何からできているんですか？……138
原子2 太陽電池に関係のある光電効果って何ですか？……140
原子3 光は粒子としての性質をもつって本当ですか？……142

原子4　レントゲン写真の原理について教えてください！……144
原子5　質量が保存しない反応があるって本当ですか？……146
原子6　放射線ってどのような種類があるんですか？……148
原子7　核反応にはどんな決まりがあるんですか？……150
原子8　原子力発電の仕組みについて教えてください！……152
おわりに……154
索引……156

第 1 章

運動の基本となる「力学」

力学は、物体の運動とその原因となる力を扱う分野です。ニュートンの運動の法則が基本で、質量、速度、加速度などの概念を学びます。力学は日常の現象を理解する基礎であり、工学や宇宙科学、機械設計などの発展にも不可欠です。

力学

1

物体の動きはどうやってわかるのですか？

POINT

物体の運動は、変位・速度・加速度で表される

たった3つの情報で物体の運動がわかる

物理学の中で、物体の運動について考える学問を「力学」といいます。**物体の運動の様子は、「変位」「速度」「加速度」という3つの情報からわかります。**

例えば、ある時刻にAという位置にいた物体が、数秒後、右に3m離れたBという位置に移動したとします。このAからBまでの運動で、物体がどの向きにどれだけ移動したかを表す物理量を「変位」といいます。変位の特徴は、「右向きに3m」というように、距離の情報だけでなく、向きの情報ももっていることです。**物理学では、AからBへの移動がどの向きへの移動であるかを知ることが重要です。**この向きを数式として表すときには、あらかじめ基準の向きを決め、基準と同じ向きであれば正(+)、逆の向きであれば負(−)として、正負の符号で表します。

変位を時間で割った物理量を「速度」といいます。速度は変位と同じく、向きの情報をもっています。なお、速度から向きの情報をなくした物理量を「速さ」といい、同じ意味の言葉として使いがちですが、物理の視点では明確に違っています。

「加速度」は速度を時間で割った物理量で、その名の通り物体がどれだけ加速(減速)しているかを表しています。加速度が0なら物体は等速で動いており、速度が0であれば物体は静止していることになります。

このように、物体の位置から変位がわかり、速度と加速度の情報がわかれば、物体の運動の様子を把握できるのです。

お答えしましょう!

物体の「変位」「速度」「加速度」がわかれば、物体の運動の様子を知ることができます。

■ 物体の変位・速度・加速度

車が5秒間で30m右へ移動するときの、車の変位、速度、加速度を考えます。

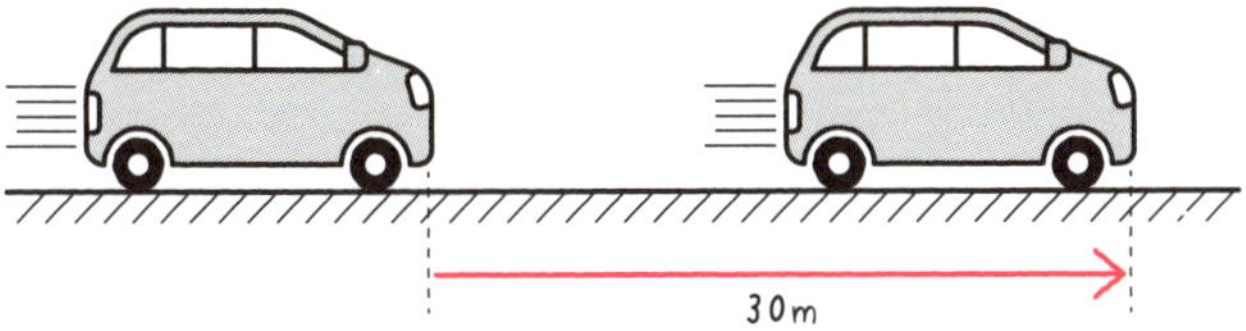

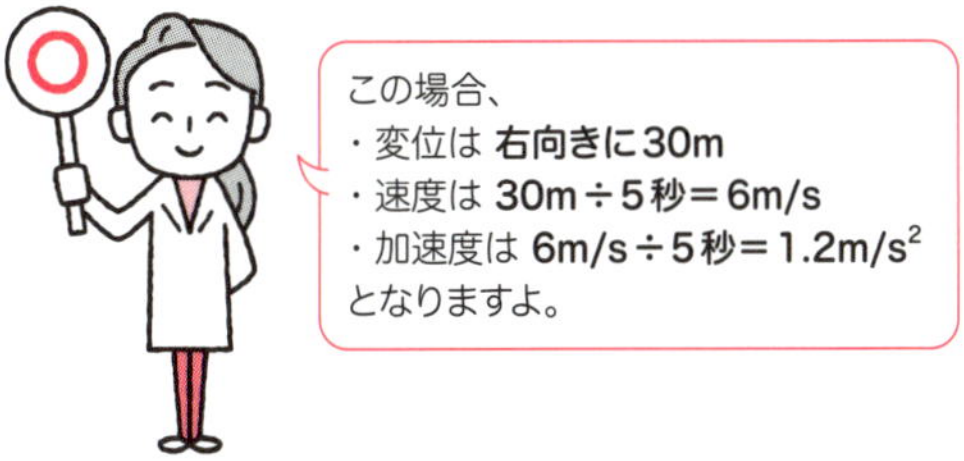
この場合、
・変位は **右向きに30m**
・速度は **30m÷5秒＝6m/s**
・加速度は **6m/s÷5秒＝1.2m/s²**
となりますよ。

KEYWORD

変位 …… 物体がどの向きにどれだけ移動したかを表す物理量。変位を経過時間で割ると速度になり、速度を経過時間で割ると加速度になる。

ニュートンの法則って何ですか？

POINT

ニュートンの三法則は、物体の運動の基本原理である

力学の基本となる三つの法則

力学の創始者であるニュートンは、物体の運動に関する三つの基本的な法則をまとめました。

運動の第一法則は慣性の法則とも呼ばれ、「物体に外から力がはたらかない限り、静止している物体はそのまま静止し続け、運動している物体はそのまま等速直線運動を続ける」というものです。ここでいう物体に外から力がはたらかない状態とは、力が存在しない状態だけでなく、物体にはたらく力がつりあっている状態も含みます。

運動の第二法則は「物体に外から力がはたらくと、力と同じ向きに加速度が生じ、その加速度の大きさは力の大きさに比例し、物体の質量に反比例する」というものです。少し難しい説明だと思いますので、実際にイメージしてみましょう。物体を押すとその物体は動きます。動くということは、加速度が生じるということです。このとき、加える力が大きいほど、また、物体が軽いほど、物体は加速します。これが運動の第二法則であり、式として表したものを運動方程式といいます。

運動の第三法則は、作用・反作用の法則とも呼ばれ、「ある物体が別の物体に力（作用）を及ぼしたとき、対となる力（反作用）が必ず存在し、この2つの力は同一直線上にあり、向きは逆で大きさが等しい」というものです。車輪のついた椅子に座って壁を押すと反対側に押し返されてしまうのは、私たちが壁を押す作用に対して、壁が私たちを押す反作用が存在しているからです。

お答えしましょう!

ニュートンの運動の三法則とは、「慣性の法則」「運動方程式」「作用・反作用の法則」です。

■ 慣性の法則

運動している物体に力がはたらかない場合は、図のように等速直線運動を続けます。また、静止している物体に力がはたらかない場合は、そのまま静止し続けます。

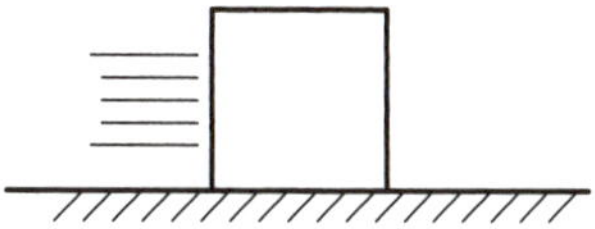

■ 運動方程式

質量mの物体に力Fを加えると加速度aが生じます。その関係は、

$$ma=F$$

という運動方程式で表されます。

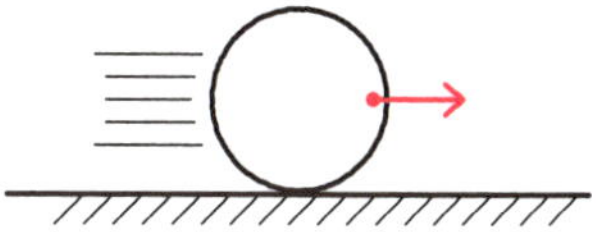

■ 作用・反作用の法則

作用・反作用の関係となる2つの力の条件は、次の3つが成り立つときです。

・力の大きさは等しい
・逆向きにはたらく
・同一直線上にはたらく

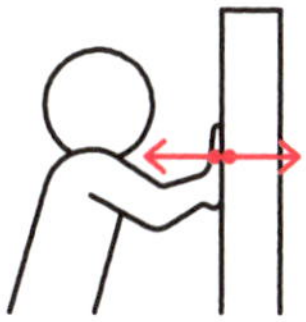

KEYWORD

運動方程式……運動する物体の質量と加速度の積は、その物体にはたらく合力と等しいという関係がある。

慣性力って、どんな力ですか？

POINT 慣性力は実在する力ではなく、みかけの力である

加速度のあるところに慣性力あり

乗っている電車が発進するとき、つり革が傾いているのを見たことはありませんか？　これは、14ページで触れた「慣性の法則」が関係しています。電車が急発進するとき、もともと静止していたつり革は慣性の法則によってその場にとどまろうとするため、後方に傾いて見えるのです。では、このときつり革に力ははたらいているのでしょうか。

電車が発進するとき、電車と電車の中にある物体および電車に乗っている人には、進行方向(前方)に加速度が生じています。このとき、電車に乗っている人から見ると、つり革があたかも後方に力を受けているように見えます。ところが、この電車を駅のホームで立ち止まっている人から見ると、後方に力ははたらいていません。このように、電車に乗っている人から見たときにはたらいているように見える、いわば**「みかけの力」のことを慣性力といいます。**慣性力の向きは加速度の向きと逆向きで、大きさは質量と加速度の積で表されます。

ここで注意したいのは、慣性力は加速度の生じている観測者から見たときに生じているみかけの力だということです。このような**観測者の見ている世界を「非慣性系」、加速度の生じていない観測者の見ている世界を「慣性系」といいます。**実は、非慣性系では、運動の第一法則と第二法則をそのままでは適用できません。しかし、みかけの力である慣性力を考えることにより、非慣性系でも運動方程式を使えるようになります。

お答えしましょう！

加速度の生じている観測者から見たときに、物体にはたらくみかけの力のことを慣性力といいます。

■ 慣性系と非慣性系

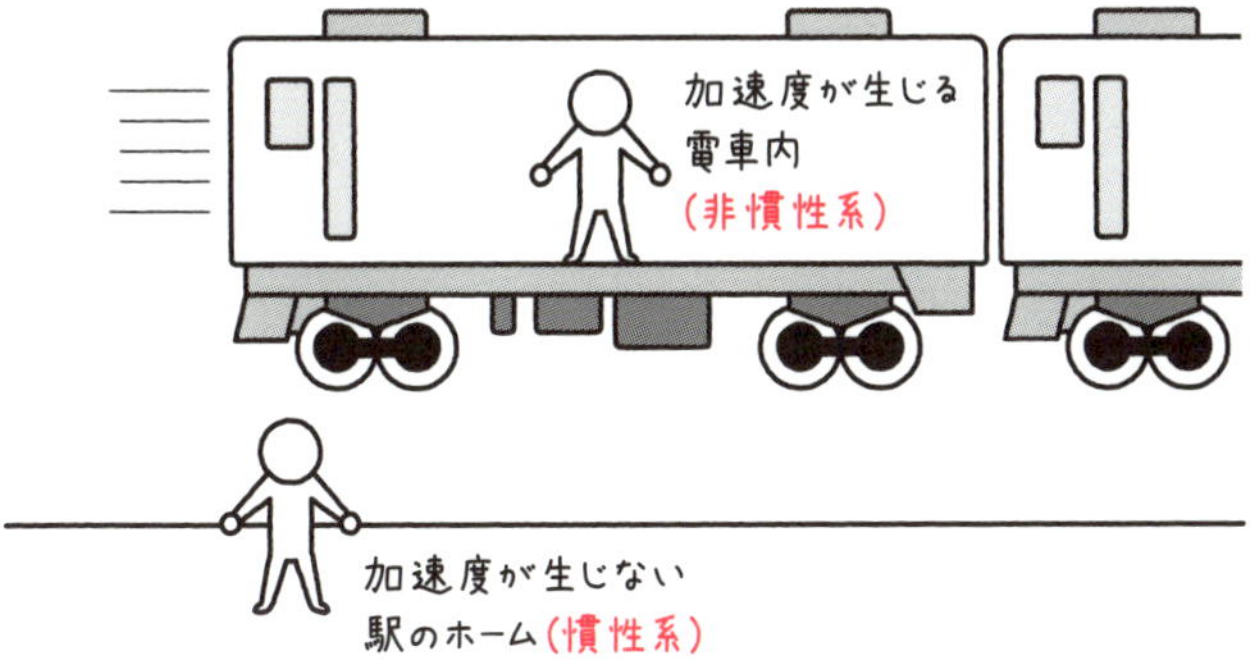

慣性系とは、観測者が加速度の生じる物体を、その物体から離れて観測している場合（今回は駅のホーム）のことをいいます。反対に、加速度の生じる物体と一緒に動いて観測する場合（今回は電車内）を非慣性系といいます。

KEYWORD

慣性力 …… 物体にはたらくみかけの力のことで、物体の加速度に対して逆向きにはたらく。またその大きさは、物体の質量とその加速度の積で表される。

力学

4

摩擦力はどうやって決まるんですか？

POINT

摩擦力は物体の重さが大きいほど大きくなる

運動の様子によってはたらく摩擦力が変わる

床の上に置かれた物体を押すと、**物体が動こうとする向きと逆向きに、物体の運動を妨げるような力がはたらきます。この力を摩擦力といいます。**

このうち、静止している物体にはたらく摩擦力のことを静止摩擦力といいます。物体が静止しているということは、物体にはたらく力がつり合っているということです。つまり、この静止摩擦力の大きさは物体を押す力と等しく、押す力が大きくなればなるほど大きくなっていくということです。

ただ、押す力を無限に大きくしていくと、静止摩擦力も無限に大きくなっていくのかというと、そんなことはありません。押す力を大きくしていくと、必ずどこかで物体は動き出します。このときの静止摩擦力を最大摩擦力といい、その大きさは静止摩擦係数と垂直抗力の積で求めることができます。静止摩擦係数は、床と物体の間の状態によって決まる値です。

押す力を最大摩擦力よりも大きくして物体が動き出すと、摩擦力は別の種類へと変化します。この動いている物体にはたらく摩擦力を動摩擦力といい、大きさは動摩擦係数と垂直抗力の積で求めることができます。この式からわかるように、動摩擦力は静止摩擦力とは違い、物体を押す力によらず一定の値になります。**動摩擦係数も床と物体の間の状態によって決まる値であり、ほとんどの物体において、その大きさは静止摩擦係数の大きさよりもやや小さい値になっています。**

お答えしましょう!

静止している物体には静止摩擦力が、動いている物体には動摩擦力がはたらきます。

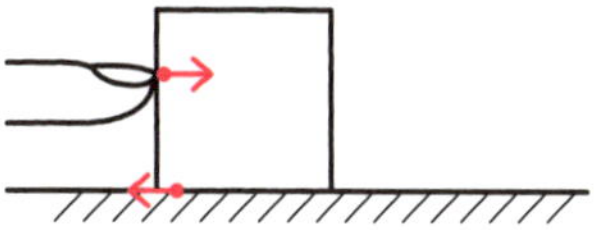

■ 静止している状態

指で力を加えても物体は動きませんでした。このとき、物体には静止摩擦力がはたらいていて、指で加えた力と同じ大きさの摩擦力が逆向きにはたらいています。

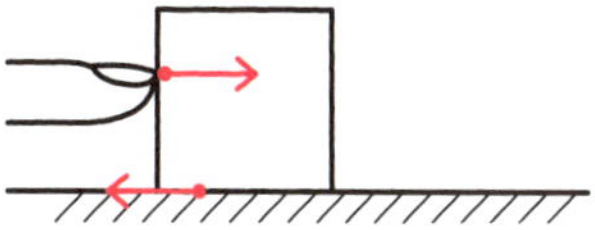

■ 動き出す瞬間

加える力を少しずつ大きくしていくと、動き出す瞬間の状態になります。このとき、物体には最大摩擦力がはたらいていて、その大きさは、

静止摩擦係数×垂直抗力

で求められます。

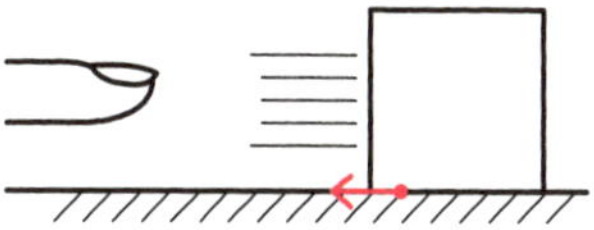

■ 動いている状態

動いている物体には動摩擦力がはたらき、その大きさは、

動摩擦係数×垂直抗力

で求められます。

KEYWORD

摩擦力……物体の運動を妨げる力のことで、静止している物体にはたらく摩擦力を静止摩擦力、運動している物体にはたらく摩擦力を動摩擦力という。

力学

5

現実の物体の運動はどうして複雑なんですか？

POINT

物体の形が複雑であることも、運動の計算が複雑になる原因である

現実の運動を複雑にする抗力の存在

ここまでの内容で、物体の運動はとてもシンプルな法則や式で考えられるということがわかったと思います。しかし、それはあくまでも理想的な環境の場合であり、**現実の物体の運動はとても複雑です。**その原因のひとつに抗力があります。

物体は、何か他の物体や流体と接触しながら運動しているとき、接触している点や面からその運動を妨げるような力を受けます。このような力をまとめて抗力といいます。抗力には、摩擦力や垂直抗力、空気抵抗などがあります。

例えば、あらい斜面上で静止している物体を考えてみましょう（物理で「あらい」という表現は、摩擦の影響が大きいことを意味しています。逆に摩擦の影響が小さい場合には、「なめらかな」という言葉が使われます）。もし物体が斜面と接していなければ、物体は重力によって落下し続けます。また、斜面と接触していても、物体と斜面との間に摩擦がなければ、物体は滑り落ち続けてしまいます。この**「何もなければ滑り落ちてしまう」ことを妨げているのが抗力です。**斜面方向にはたらく重力と抗力がつり合うとき、物体は斜面上で静止していられるのです。

また、現実の物体が空気中を運動するとき、物体は空気抵抗を受けます。空気抵抗は物体の大きさや形によって非常に複雑に変化するため、計算するのが難しくなります。最も単純化して考える場合、空気抵抗の大きさは速度の2乗に比例することが多いです。

お答えしましょう!

現実世界では抗力がはたらくため、運動の様子はとても複雑になることが多いのです。

■ 身のまわりではたらいている抗力

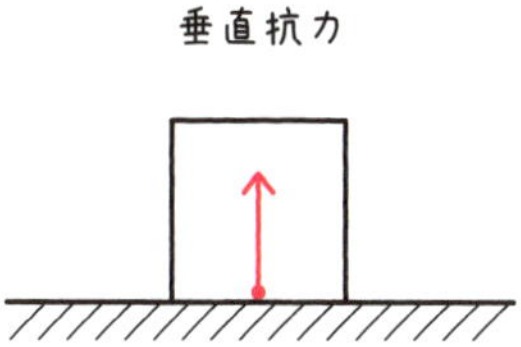
垂直抗力

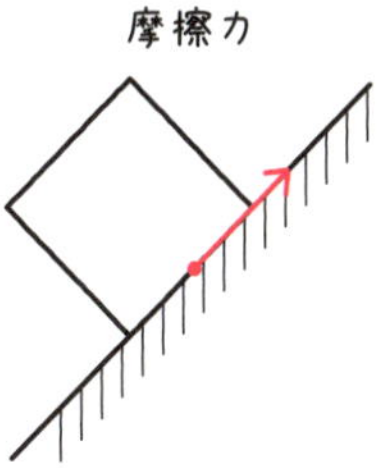
摩擦力

空気抵抗

これ以外にも、水中などではたらく力、シールやテープなどで感じる粘着力なども抗力の例として挙げられます。

KEYWORD

抗力 …… 運動を妨げるような力のことで、摩擦力や空気抵抗などがある。

力学

6

血圧って圧力と関係ありますか？

POINT

気圧は大気の圧力で、1気圧は約1013hPaである

血圧を理解するために重要な圧力

健康診断で必ず測定する血圧ですが、血圧とはそもそも何でしょうか？　これを知るためには、物理学における圧力について理解することが重要です。

物理学における圧力の定義は「単位面積あたりにはたらく力の大きさ」であり、その単位はPa（パスカル）です。皆さんになじみ深い圧力の例の一つは、気象予報などで使われる気圧です。気圧とは、地面に加わる大気の圧力のことです。標準的な1気圧は、1㎡の地面に10トンのおもりが乗っているときとほぼ同じ圧力です。私たちは、知らず知らずのうちに四方八方から常に大きな力を大気から受けているのです。

さて、本題である血圧の話に戻りましょう。**血圧とは、心臓から送り出された血液が流れることによって血管の内壁にかかる圧力のこと**を指します。血圧の単位はPaではなくｍｍＨｇを用いることが一般的です。この単位の意味するところは、血圧が水銀（元素記号Hg）を何㎜押し上げるのに相当する圧力かということなのですが、なぜ急に水銀が登場するのか疑問かと思います。以前、診察室に置かれていた血圧計には水銀が入っており、血管中を血液が流れる音がした瞬間の水銀柱の高さで血圧を測っていました。その名残で、㎜とHgが単位に使われているのです。最近の血圧計では水銀を用いることなく、血管壁の振動（脈波）をセンサーが感知して検出するものなどが主流となっていますが、単位としてその歴史が残っているのです。

お答えしましょう!

血圧は圧力の一種で、圧力とは単位面積当たりにはたらく力の大きさです。

■ 圧力の定義

圧力は次の式で求めることができます。

$$\text{圧力} = \frac{\text{力}}{\text{面積}}$$

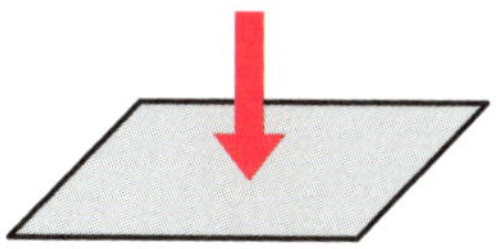

■ 血圧とは

血圧は、血液が血管内を流れる際に血管の内壁にかかる圧力のことです。

健康診断などで測る血圧には、心臓が収縮して血液を送り出す収縮期血圧（最高血圧）と、心臓が拡張して血液を取り込むときの拡張期血圧（最低血圧）があります。

KEYWORD

圧力……単位面積あたりにはたらく力の大きさのことで、「力の大きさ÷力がはたらく面の面積」で計算できる。

力学

7

アルキメデスの原理ってどんな原理ですか？

POINT

水圧は深さが深いほど大きくなるが、浮力は深さに依存しない

浮力の大きさに物体の密度は関係ない

空気や水のように、決まった形をもたずに流れる物質のことを流体といいます。流体中にある物体は、まわりの流体から常に圧力を受けています。

特に、水の中にある物体が水から受ける圧力のことを水圧といいます。**この水圧は、水中の物体のあらゆる面にはたらき、水面からの深さが深くなるほど大きくなります。**ゆえに、水中の物体が下面から受ける水圧は上面から受ける水圧よりも常に大きく、この差のぶんだけ物体は常に上に押し上げられることになります。この水圧の差が浮力です。水中の物体にはたらく浮力の大きさは、水の密度×水中にある物体の体積×重力加速度で表されます。この式は、水だけでなく他の流体についても成り立ちます。

この式の意味を考えてみましょう。流体中にある物体の体積を「もともとその場所にいた流体の体積」と読み替えると、この浮力の式は物体が押しのけた流体の重さを表しているといえます（「重さ」とは物体にはたらく重力の大きさのことを指します）。このことを、発見者である古代ギリシアの数学者の名前をとり、「アルキメデスの原理」といいます。

物体にはたらく浮力と重力の大きさを比べたとき、浮力のほうが大きければ物体は浮き、重力のほうが大きければ沈みます。浮力の大きさはまわりの流体の重さと同じですから、**物体の浮き沈みを考えるときには、物体とまわりの流体の密度を比べれば良い**ということになります。

お答えしましょう!

アルキメデスの原理とは「浮力の大きさは、物体が押しのけた流体の重さに等しい」です。

■ 水圧

水圧は深くなるほど大きくなります。

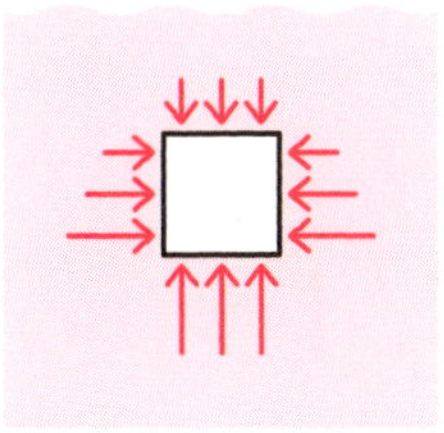

水圧は、水中のあらゆる方向から物体にはたらきます。しかし、左右からはたらく水圧は同じ力の大きさで逆向きであるため、互いに打ち消しあいます。

■ 浮力

浮力は水圧の差になります。

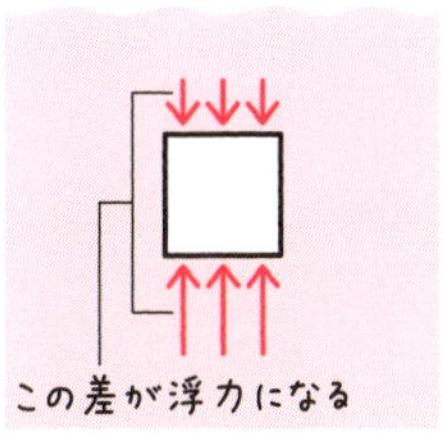

左右からはたらく水圧は打ち消しあうため、実質上下からはたらく水圧のみになります。下からはたらく水圧のほうが上からはたらく水圧よりも大きいため、その差が浮力となります。

KEYWORD

浮力……水圧の差によって生じる流体中の力で、「流体の密度×流体中にある物体の体積×重力加速度」で計算できる。

力学

8

なぜ雨粒は高いところから降るのに痛くないいんですか？

POINT

空気抵抗の大きさは物体の速さだけでなく、形状なども関係する

雨粒にはたらく重力と空気抵抗

雨粒が高いところから降ってきても、それほど痛くないことを不思議に思ったことはありませんか。仮に雨粒に重力のみがはたらく場合、上空2000mから落下してきたとすると、地上に達する頃には秒速200m程度まで加速しています。これは野球でピッチャーが時速150kmでボールを投げる速度の5倍程度になります。もしこの速度で降ってきていたら、大けがどころではありません。

しかし、そうならずにすんでいる理由は、**空気抵抗が雨粒の速度を抑えるからです**。雨粒は質量をもつ物体なので、空中を落下する際、重力によって加速されます。しかし、それと同時に空気抵抗も受けています。

空気抵抗の大きさは、物体の速さが大きくなるほど大きくなる性質があります。つまり雨粒は、はじめ重力によって加速していきますが、速度が大きくなるほど空気抵抗も大きくなり、**最終的に重力と同じ大きさになります**。同じ大きさの力が逆向きにはたらくので、力がはたらいていないのと同じ状態になります。これを**力がつり合っている**といいます。

ただ、力がつり合っていても雨粒が落下しなくなるわけではありません。慣性の法則に従い、雨粒は等速直線運動をして落下していきます。雨粒の落下速度が一定になったときの速度を終端速度といい、その値は秒速数メートル程度です。したがって、雨粒は当たっても痛くないくらいの速度になっているというわけです。

お答えしましょう!

地上付近まで近づいたときには、重力と空気抵抗がつりあっているからです。

■ 空気抵抗のイメージ

落下直後
物体が落下を始めた直後は速度が小さいため、空気抵抗がほとんどはたらきません。この時点では、重力が物体にかかるおもな力であり、物体は重力に従って加速します。

速度最大
物体が落下するにつれて速度が大きくなり、それに伴い空気抵抗も大きくなります。やがて、空気抵抗が重力とつり合い、加速度がゼロになると、それ以降物体は一定の速度（終端速度）で落下します。

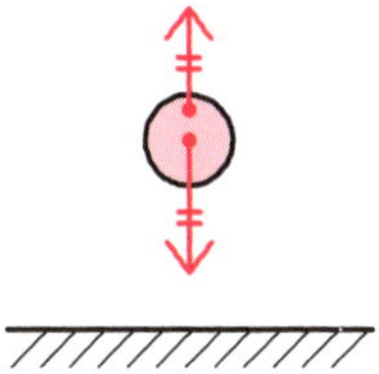

地上付近
物体が地上に近づいても、終端速度を維持して落下します。

KEYWORD

空気抵抗……空気中を運動するときに物体にはたらく抗力で、その大きさは物体の速さが大きくなるほど大きくなる性質がある。

力学

9

栓抜きでビンの蓋が簡単に開けられるのはどうしてですか？

POINT

物理学におけるモーメントとは、回転を引き起こす原因となる量のことをいう

小さい力を大きな力に変える「てこの原理」

素手でビール瓶などの蓋を開けようとしてもなかなか難しいですが、栓抜きを使うと簡単に開けることができます。いったいなぜでしょうか。これには、物体の回転に関連する「力のモーメント」について理解することが重要となります。

例えば、ボルトを締めるときにはスパナを使いますね。スパナを使うとき、なるべくスパナの柄の遠い場所をもった方がよりきつくボルトを締めることができるかと思います。このように**回転には、力の大きさ以外に回転させる場所までの距離（腕の長さ）が関係しています。**物体を回転させる能力は、力の大きさと腕の長さの積で表され、これを「力のモーメント」といいます。

「てこの原理」という言葉を一度は耳にしたことがあるかと思います。**てこの原理を端的にいうと、力のモーメントによって重いものを小さな力で動かすことができる法則です。**支点から力点、作用点への距離がカギとなります。栓抜きにおける支点は瓶の蓋の上となります。また、蓋にかかっている部分が作用点、持ち手となる部分が力点です。仮に、栓抜きの支点と力点の距離が、支点と作用点の距離の5倍であった場合、作用点には加えた力の大きさの5倍の力が加わっていることになります。これによって瓶の蓋を簡単に開けることができるのです。てこの原理を利用した道具は身のまわりにたくさんあります。改めて探してみるのも面白いかもしれません。

お答えしましょう!

てこの原理により、力点に加えた力より大きな力を作用点に加えられるからです。

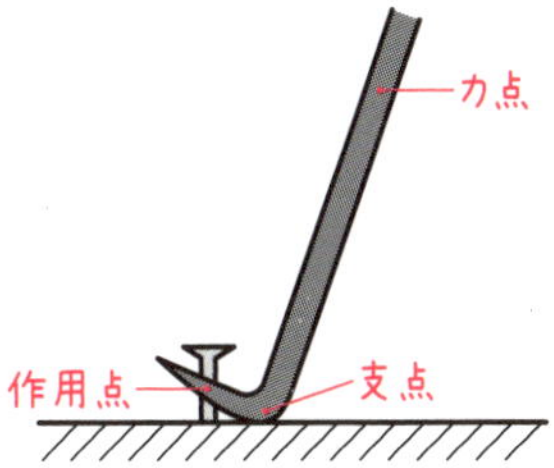

■ てこの原理

てこの原理を利用することで、小さな力でも大きな重さの物体をもち上げることが可能です。この原理により、力を効率的に使うことができるため、重い物をもち上げる道具や機械に活用されています。

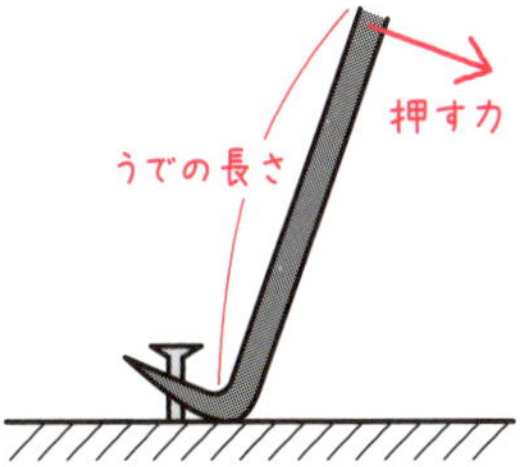

■ 力のモーメント

力のモーメントは、回転の中心（支点）から力の作用点までの距離（うでの長さ）と、その力の大きさの積で決まります。ここで、力の作用線が支点から遠いほど、また力が大きいほど、力のモーメントは大きくなります。力のモーメントが大きければ、それだけ物体を回転させる効果が大きくなります。

KEYWORD

力のモーメント……物体を回転させる能力のことで、「力の大きさ×腕の長さ」で求めることができる。

力学

10

物理で使われる「仕事」って何ですか？

POINT

仕事は力の方向と移動方向に依存するため、移動経路によらない

力と移動距離で決まる物理の「仕事」

「仕事」という言葉を聞いてまず思い浮かべるのは、給与や報酬を受け取るために行動することではないでしょうか。しかし物理学ではこれとまったく違った意味で「仕事」という言葉が使われています。では、物理学における仕事とはどのようなものでしょうか。

物理学での仕事とは、物体に力を加えて、その方向に物体を移動させることをいいます。そして仕事の大きさは、加えた力の大きさとその方向に移動した距離の積で求められます。

例えば、本を机からもち上げて棚に置く場合を考えてみましょう。このとき、手で本を上にもち上げる力を加えて、本が上方向に移動します。この力と移動が同じ方向であるため、仕事が行われたことになります。つまり、手が加えた力によって本の位置が変わったのです。

一方で、重い荷物を持ってその場で立ち続ける場合はどうでしょうか。このとき、腕には荷物の重さに対抗する力がかかっているものの、荷物は動いていないため、物理的には仕事をしていないことになります。**力を加えてもその方向に物体が移動していなければ、物理の仕事をしたことにはならないのです。**

このように、物理学における仕事とは、力を加える方向に物体が動いたとき、その力が移動にどれだけ貢献したかを意味する概念です。力と移動距離の関係が重要であり、力の向きと移動方向が一致することが、物理の世界で仕事が行われる条件となるのです。

お答えしましょう！

物理学での仕事とは、物体に力を加えて、その方向に物体を移動させることをいいます。

■ 仕事の有無

本をもち上げる
↓
机から上に移動したので、
手は仕事をしている

本を押す
↓
机から動いていないので、
手は仕事をしていない

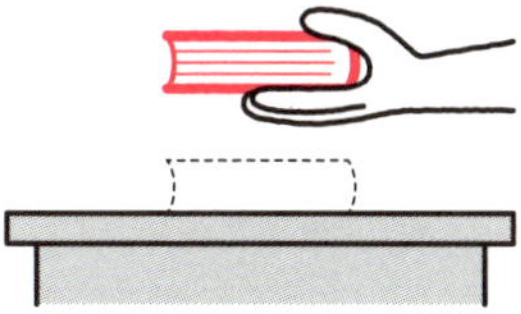

■ 仕事の原理

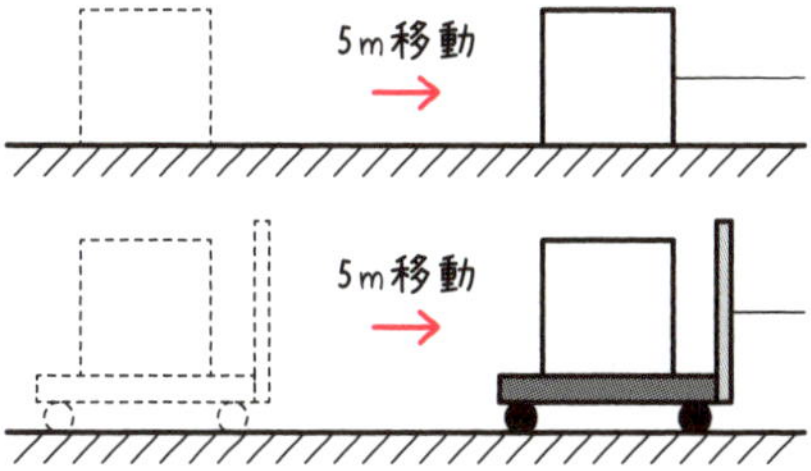

道具や機械を使っても仕事の総量は変わらないという物理の基本的な法則です。簡単にいうと、同じ仕事をする場合、道具を使うことで小さい力ですんだり、短い移動距離ですんだりします。

KEYWORD

仕事……仕事の大きさは、加えた力の大きさとその方向に移動した距離の積で求められる。

11 ジェットコースターはほとんど電気を使わないって本当ですか？

POINT
運動エネルギーと位置エネルギーの和を力学的エネルギーという

エネルギーの変換を生かしたアトラクション

エネルギーという言葉は日常のいろいろな場面で聞く機会があると思います。ではそもそもエネルギーとは何でしょうか。

物理学において、エネルギーとは仕事をする能力を指します。例えばボウリングのボールは、静止しているときはピンを倒せませんが、転がして運動させることでピンを倒すことができます。これはボールがもつ運動エネルギーがピンに仕事をしたと考えることができます。

エネルギーには、運動エネルギーや位置エネルギー、弾性エネルギー、電気エネルギー、熱エネルギーなど多くの種類があり、あるエネルギーから他のエネルギーに変換することができます。

例えばジェットコースターは、一番高いところまで上ったあと、蓄えられた位置エネルギーを運動エネルギーに変換することで走行します。つまりジェットコースターは、最初に一番高い位置まで上がる際に電力を使ったあと、落下後は運動エネルギーと位置エネルギーの変換で動き続けることができ、効率的なエネルギーの使い方で楽しめるアトラクションなのです。

他にも、水力発電では、ダムの上から水を放流し、水の勢いでタービンを回すことで発電を行います。エネルギーでいい換えると、放流の際に水がもっている位置エネルギーが運動エネルギーに変換され、タービンに仕事をすることでタービンが回転し、最終的に電気エネルギーに変換されています。

お答えしましょう！

ジェットコースターは、位置エネルギーを運動エネルギーに変換し、効率よく走行しています。

■ エネルギーの移り変わり

ジェットコースターは、頂上で高い位置エネルギーをもち、降下するとそのエネルギーが運動エネルギーに変わります。上昇や下降で位置エネルギーと運動エネルギーが交互に変換され、効率よく走行しています。

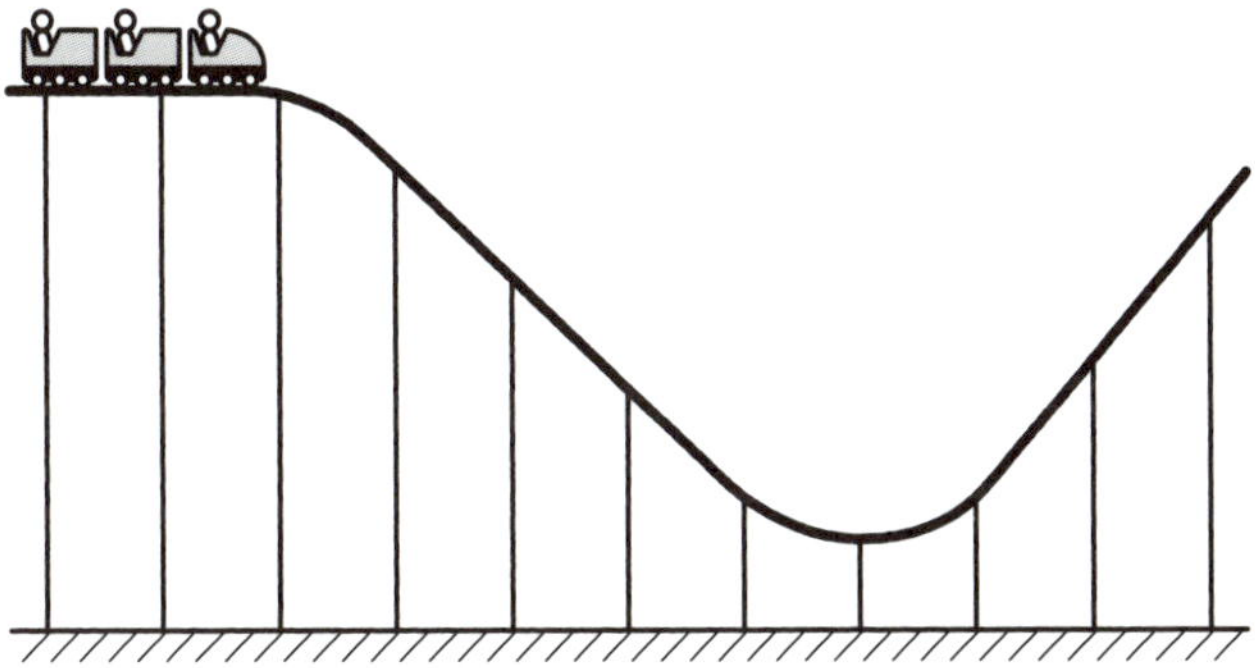

エネルギーは、おもに位置エネルギーと運動エネルギーの間で変換されますが、実際には摩擦や空気抵抗によるエネルギーの損失や、熱エネルギーや音エネルギーへの変換も発生します。

KEYWORD

エネルギー …… 仕事をする能力のことで、運動エネルギーや電気エネルギー、音エネルギーなどがある。

12 ビリヤードのボールの運動には法則性がありますか？

POINT サッカーやボウリングなども運動量の保存が関係している

ビリヤードと物理法則の深い関係

大きさのある二つの物体が衝突すると、さまざまな方向にはね返ります。ビリヤードはこの「はね返り」を利用した代表的なゲームといえるでしょう。このボールの運動の様子には、物理学の理論が潜んでいます。

ビリヤードのボールの動きは、ニュートンの運動の法則、エネルギー保存の法則のほか、運動量保存の法則が関係しています。**運動量とは、運動している物体の「動きの量」を示す概念です。**そして運動量は、物体の質量と速度との積で求めることができます。これに関連して、運動量保存則というものがあります。**物体同士が衝突したときにその前後で運動量の総和は変わらないという法則です。**

これらをビリヤードのシーンで考えます。まずキューでボールAを突くと、その力によってボールAは動き始めます。このとき、力の大きさや向きがボールAの運動に影響を与えます。そしてボールAがボールBに衝突するとき、ボールAがもっていた運動量がボールBに伝わり、両方のボールの運動量が変わります。また、運動エネルギーも衝突の前後で移り変わり、ボールが動くスピードや衝突の結果にも影響を与えます。これらの法則は、ビリヤードのゲームにおいてボールがどのように動くかを理解するうえで非常に重要な知識です。

このように、感覚的に予想できるボールの運動の様子の中にも、物理学の理論が潜んでいたのです。

お答えしましょう！

ニュートンの法則、エネルギーや運動量の保存などで、ボールの動きに法則性を与えています。

■ ビリヤードの運動量

キューでボールを突くと、キューがボールに力を加えます。この力によってキューがもっていた運動量がボールに伝わり、ボールが動き始めます。

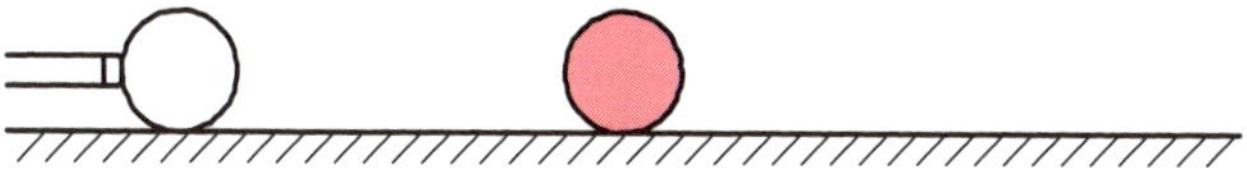

ボール同士が衝突すると、運動量の保存の法則により、衝突前後で全体の運動量が変わらないように運動量が伝達されます。このとき、衝突が弾性衝突か非弾性衝突かによって、運動エネルギーの保存状況も変わります。

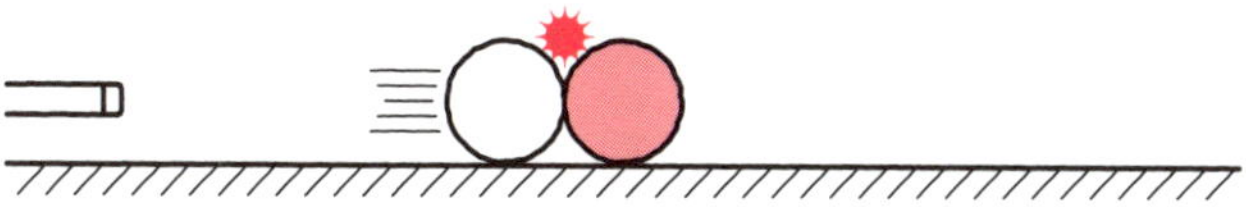

衝突が終わった後、ボールはそれぞれ新しい速度で動きます。運動量の保存により、各ボールの速度は衝突前の運動量に基づいて決まります。

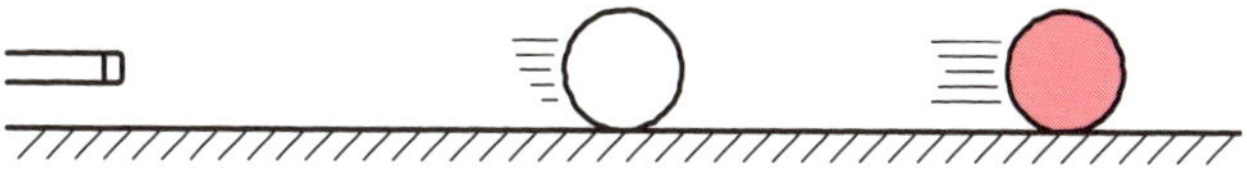

KEYWORD

運動量……運動している物体の「動きの量」を示すもので、物体の質量と速度との積で求めることができる。

力学

13

どうして野球のホームランはあんなに飛ぶんですか？

POINT

力積は衝突前後の運動量の変化量から求めることもできる

バッティングに隠れた力積という要素

野球の醍醐味の一つであるホームラン。ふと考えてみると、どうしてバットにボールを当てるだけであれほど飛んでいくのでしょうか。それには、力積というものが関係しています。

力積とは、物体に力が加わる時間とその力の積のことを指しており、運動量の変化と密接に関係しています。簡単にいうと、物体に力を加える時間が長ければ長いほど、またその力が大きければ大きいほど、その物体の運動に大きな影響を与えられるということです。

野球に話を戻すと、バットがボールに当たる瞬間、非常に短い時間ですが強い力がボールに加わります。この**短時間における力の大きさとその力が加わる時間の積が力積であり、ボールの運動量を変化させる要因となります。**実際に野球選手は、バットを振るスピードを上げてボールに加わる力を増大させるとともに、ボールとバットが接触している時間をわずかでも長くすることで、力積を大きくし、ボールを遠くへ飛ばしているのです。逆に、ボールとバットの接触時間が短かったり、力が十分に加わらない場合、力積が小さくなり、ボールの飛距離も短くなります。

つまり野球選手は「バットの角度や速度を工夫してボールに力積を与え、狙った運動量の変化をいかにして与えるか」を実行するプロであるといえるでしょう。バッティングセンターで感覚的にバットを振っていたことの中に、物理が隠れていたなんて面白いと思いませんか。

お答えしましょう!

バットを振る速度やボールと接触する時間を工夫することで、力積を大きくしているのです。

■ バッティングにおける力積

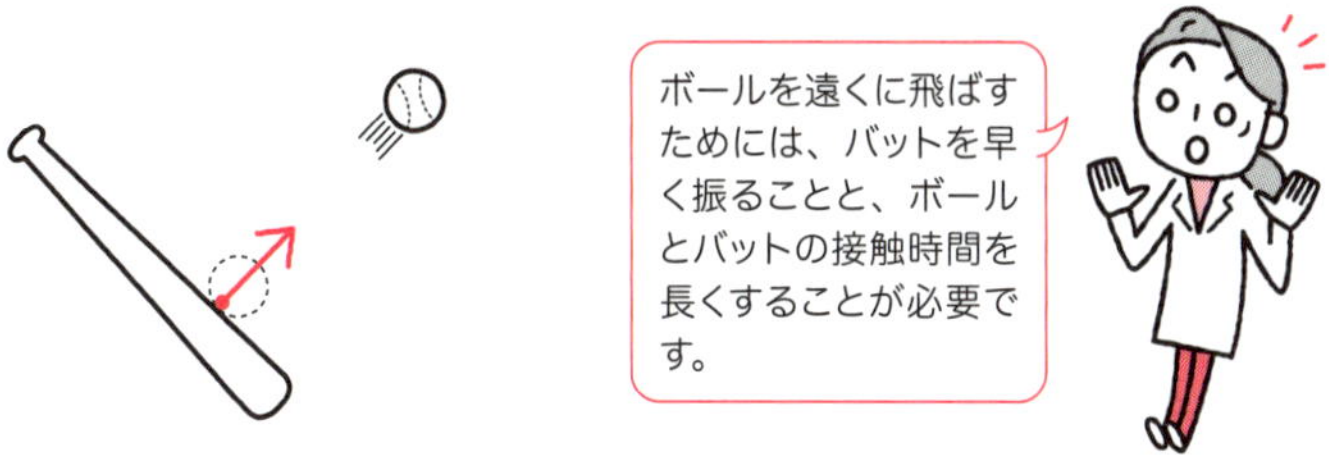

ボールを遠くに飛ばすためには、バットを早く振ることと、ボールとバットの接触時間を長くすることが必要です。

■ 運動量と力積の関係

運動量と力積には次のような関係があります。

衝突前の運動量 ＋ 力積 ＝ 衝突後の運動量

最初、静止していたボールは指と接触することで力積が加わります。 その結果、加わった力積が運動量に変わり、ボールが動きだします。

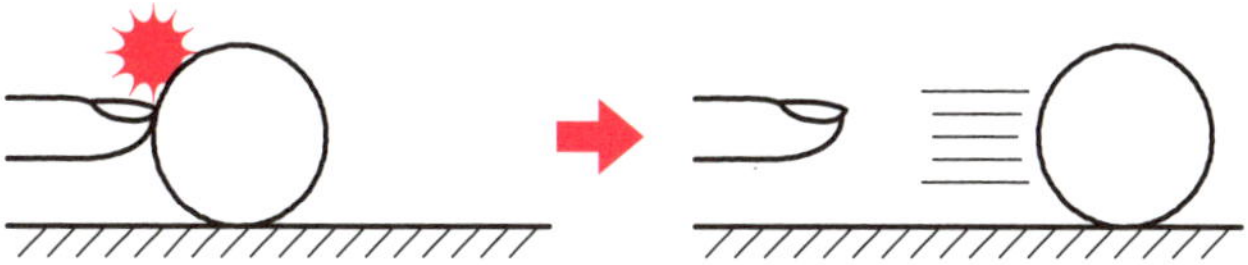

KEYWORD

力積 …… 物体に力が加わる時間とその力の積のこと。力積は、運動量の変化に密接に関係している。

力学

14

遠心力はなぜ生じるのですか？

POINT

スポーツでボールにカーブをかけたいときは、スピードも重要

実際には存在しない見かけの力の正体

車などに乗った状態で急カーブを曲がるとき、外側に体が引っ張られる感覚があります。この現象はなぜ起こるのでしょうか。

円運動する物体は常に方向を変えながら運動します。方向を変えるためには、曲がりたい方向に力を加える必要があります。そのため、**円運動する物体には常に円軌道の中心に向かって力がはたらいているのです。**この力を向心力といいます。

今度は自身が車に乗って円運動する場合を考えてみましょう。車に向心力がはたらいているにもかかわらず、車とともに運動する運転手は車内から見ると静止しているように見えます。このことから、車内にいる運転手は向心力を打ち消すような慣性力を受けます。円運動における慣性力のことを遠心力といいます。つまり**遠心力は、自分自身が円運動しているときにしか感じることができない、見かけの力**なのです。

向心力と遠心力の大きさは円軌道の半径に反比例し、物体の速度の二乗に比例します。そのため、高速で急カーブの道に入ってしまうと遠心力が大きくなり、曲がりきることができずに事故につながりやすくなってしまいます。

こういった事故を少しでも防ぐ工夫として、高速道路などの高速で車が移動する道路のカーブでは、カーブの外側が高くなるように高低差がつけられています。これにより、重力の分力としてカーブの内向きに力が生じ、遠心力の効果を小さくすることができます。

お答えしましょう！

遠心力とは実際には存在しない見かけ上の力で、円運動する物体の向心力によって生じます。

■ 向心力

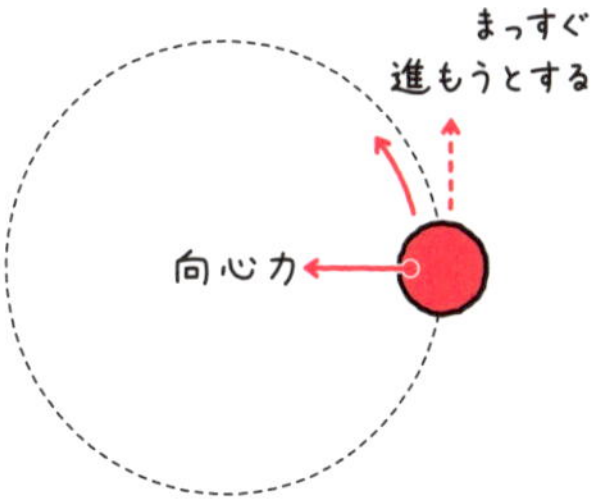

向心力とは、物体が円運動をする際に常に中心に向かってはたらく力のことです。通常、力が何もはたらいていなければまっすぐ進んでしまいますが、円軌道を維持するために物体は曲がり続ける必要があり、このとき向心力が必要になります。向心力がなかったり、速度が大きすぎたりした場合、物体は直線運動を続けて円運動から外れてしまいます。

■ 遠心力

遠心力は非慣性系でのみ生じる、円運動をする物体が感じるみかけの力です。物体が中心から外側へ引っ張られるような感覚を生じさせ、その大きさは向心力と同じです。

例えば、車がカーブを曲がる際に体が外側に押し出されるように感じるのは、遠心力によるものです。車内は非慣性系ですからね。

KEYWORD

向心力……円運動する物体にはたらく、円軌道の中心に向かう力のことで、その大きさは円軌道の半径に反比例し、物体の速度の二乗に比例する。

なぜフィギュアスケートのスピンは力を加えていないのに加速するのですか？

POINT
トルクは力のモーメントと似たような意味の量である

慣性モーメントを操るフィギュアスケーター

フィギュアスケートには氷上で回転するスピンという技があります。スケーターのスピンを観察してみると、スピンの途中で回転数が上昇することがあります。一体なぜでしょうか。

物体の回転を考える上で、角運動量という回転の勢いを表す量を用いると便利です。角運動量の時間変化は、トルクという物質を回転させようとする力の効果で与えられます。

スピンの回転に関する力を考えてみましょう。一度回転を始めると、その回転を加速させるような力ははたらきません。また、スケートでは靴の圧力で氷を溶かしながら滑るため、回転を止めようとする抵抗力も非常に小さくなります。ゆえに、スピンの最中は回転の状態を変化させるような力はほとんどはたらかず、角運動量は保存します。

角運動量は慣性モーメントと角速度の積で表すこともできます。慣性モーメントとは、体の質量の分布が回転のしやすさに与える影響を表す量です。スケーターの体重が回転軸から遠い位置に分布していると、慣性モーメントが大きくなり、角速度が小さくなります。一方、体重が回転軸に近い位置に分布していると、慣性モーメントが小さくなり、角速度が大きくなります。つまり、**スピンの途中で腕や脚を広げたり縮めたりすることで慣性モーメントを変化させることができます。**スケーターは、スピンの途中で体勢を変化させて回転を加減速することで、豊かな表現を実現しているのです。

お答えしましょう!

スケーターは手足を回転の軸に近づけ慣性モーメントを小さくすることでスピンを加速します。

■ 慣性モーメント

慣性モーメントは、物体の回転運動に対する抵抗を表す物理量です。回転運動をおこなう物体の各質点の質量と、その質点から回転軸までの距離を考慮した上で計算されます。

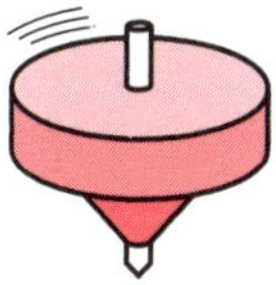

半径が小さい、つまり質点が回転軸に近い位置にある場合、慣性モーメントは小さくなります。具体的には、回転軸に近い位置にある物体は、回転運動をおこなう際にその動きを変化させるために必要なトルク(回転力)が小さくなります。

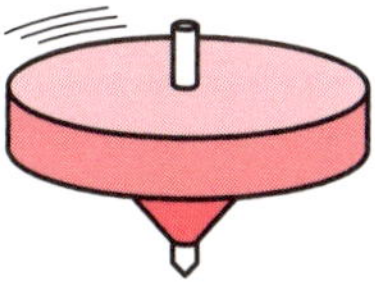

半径が大きい場合は、質点が回転軸から遠ざかるため、慣性モーメントは大きくなり、物体は回転に対してより大きな抵抗を示します。大きな半径をもつ物体は、回転運動を開始したり停止したりするのが難しくなります。

コマやフリスビーを想像するとわかりやすいと思います。小さければ簡単に回転させることができますが、大きいものをつくった場合、それを回転させることは容易ではないでしょう。

KEYWORD

角運動量 …… 回転の勢いを表す量で、慣性モーメントと角速度の積で表される。

力学

16

単振動はどうやって生じるのですか？

POINT

弾性体の伸び縮みは加えた力に比例する法則をフックの法則という

行ったり来たりの運動は復元力によるもの

振れ幅の小さな振り子時計では、おもりが左右に行ったり来たりする運動の様子を観察することができます。このような運動を単振動といいます。単振動はなぜ生じるのでしょうか。

単振動の最も簡単な例として、ばねにつり下げられたおもりの運動を考えてみましょう。ばねにおもりをつり下げると、ばねが自然の長さよりも少し伸びた状態で静止します。おもりにはたらく力のつりあいを考えると、重力と反対方向に同じ大きさだけばねの伸びによる力がはたらいていることがわかります。**ばねなどの弾性体は、伸び縮みを相殺する方向に、伸び縮みをしている長さに比例した大きさの力を生じます。**この力を復元力といいます。

次につり下げられたおもりを引っ張って手を離すことを考えます。おもりを引っ張ると、ばねの復元力はさらに大きくなります。一方、おもりにはたらく重力の大きさは変わらないため、全体としておもりは上向きに力を受け、手を離すと上昇します。つりあいの位置よりも上昇すると、今度は下向きに力を受けて減速し、下降します。この繰り返しが単振動です。

バンジージャンプは人間をおもりとして単振動します。人間は空気抵抗の影響を強く受けるため、振動は減衰しやがてつりあいの位置に落ち着きます。

復元力は弾性力の他にも存在します。冒頭の振り子時計では、おもりにはたらく重力の円弧方向の分力が復元力としてはたらいています。

お答えしましょう!

おもりとなる物体にはたらく復元力によって、単振動は生じています。

■ ばねの復元力と単振動

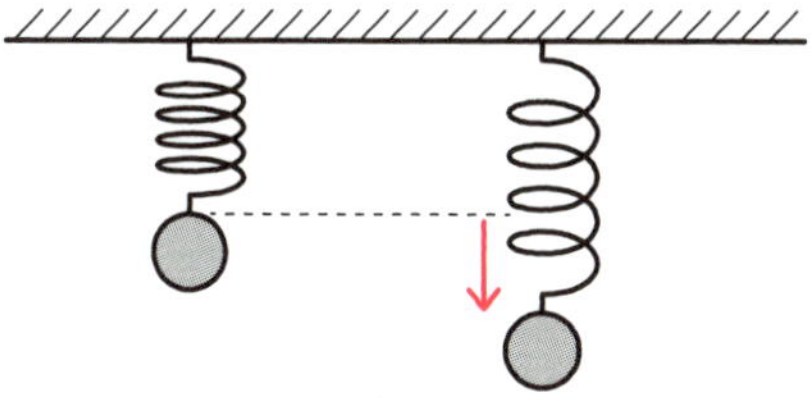

ばねを引っ張ると、フックの法則に基づき、ばねはその変形に対して復元力を発生させます。フックの法則は、ばねの伸びや縮みが、もとの長さからの変位に比例します。

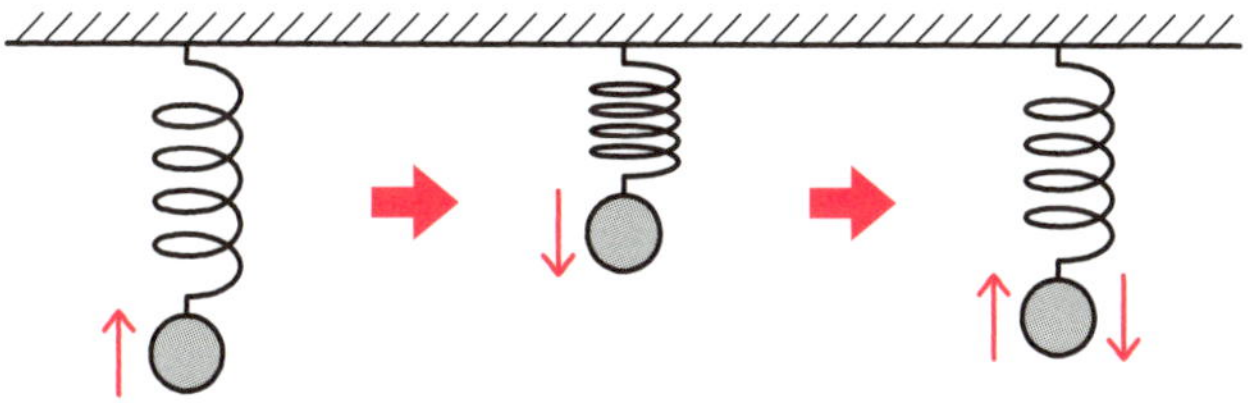

手を離した瞬間、ばねはその復元力によって物体をもとの位置に戻そうとします。このとき、物体は上向きに運動を開始します。

物体がばねのもとの位置を通過して最端の位置までいくと、運動は停止し、その後下向きに運動し始めます。

物体はこの上下運動を繰り返します。このように、ばねの復元力が作用することで、物体は単振動を行うのです。

KEYWORD

復元力……物体がもとの位置や形に戻ろうとする力のことで、ばねなどは、伸び縮みをしている長さに比例した大きさの力を生じる。

力学

17

人工衛星のしくみについて教えてください！

POINT

地球などの惑星の公転も、太陽の万有引力によって起こる

人工衛星を可能にする万有引力とは

人工衛星はその名の通り、衛星のように地球の周りを回転し、地球上の遠く離れた地点同士の通信を可能にしています。人工衛星のしくみには、万有引力と円運動が関わっています。

質量をもつすべての物体の間には引力がはたらきます。この力を万有引力といいます。万有引力の大きさは引き合う二つの物体それぞれの質量に比例し、その間の距離の二乗に反比例します。そのため、質量が地球よりも小さい月では万有引力が小さくなり、体重が軽くなります。ちなみに、重力は万有引力と遠心力の合力で表されるため、同じ地球上であっても遠心力がはたらかない極地では体重が重くなり、反対に遠心力の影響が大きい赤道上では体重が軽くなります。また、万有引力の比例定数は非常に小さいため、私たちは星などの非常に大きな質量をもった物体との間にしか万有引力を感じることはできません。

人工衛星は自身と地球との間の万有引力を向心力として円運動しています。一般に、衛星通信を行うためには、人工衛星の角速度を地球の自転の角速度と一致させることが求められます。これは、通信の最中に地上と衛星との相対位置にずれが生じないようにするためです。このような地球から見て静止しているように見える人工衛星のことを静止衛星といいます。

静止衛星は、地球の通信インフラや気象予報を支える重要な技術であり、その運用には高度な物理学と技術が活用されているのです。

お答えしましょう！

人工衛星は、地球との間にはたらく万有引力を向心力として円運動しています。

■ 人工衛星と万有引力

人工衛星が地球の周りを回るとき、地球が衛星を引き寄せる万有引力がはたらき、同時に衛星は自らの運動によって直進しようとします。この2つの力がつり合うことで、衛星は円軌道を維持しながら回転します。もし衛星が速すぎると、遠心力が万有引力を上回り、地球から離れてしまいます。逆に遅すぎると、万有引力に引き寄せられ、地球に落下します。

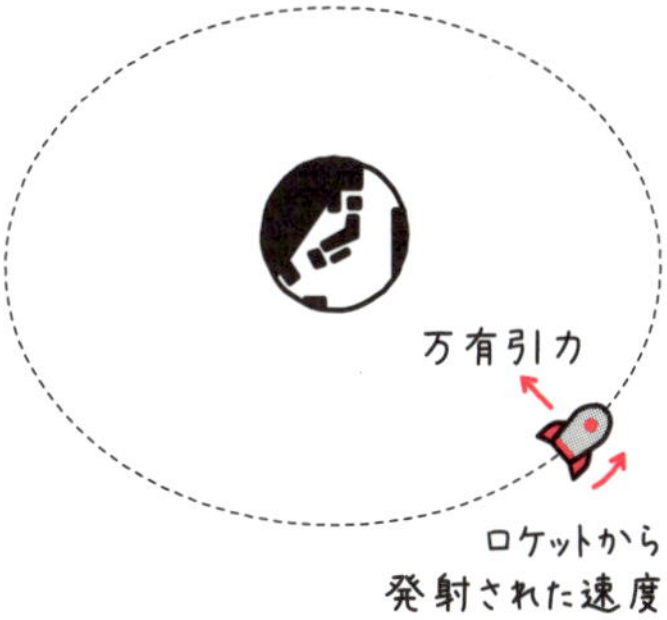

■ 太陽と地球

太陽は地球の約33万倍の質量をもち、その巨大な重力によって地球を引き寄せています。地球は太陽からの引力を受けながら、同時に自らの運動によって直進しようとするため、円軌道を描きます。この運動のバランスが保たれることで、地球は安定した公転軌道を維持し続けています。

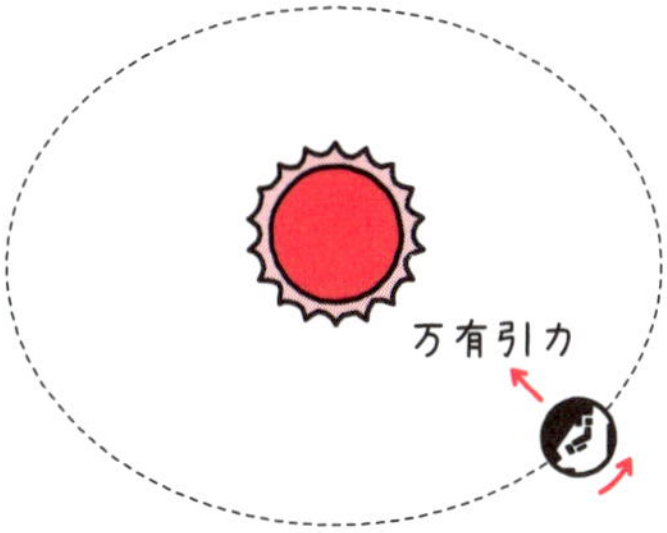

KEYWORD

万有引力……質量をもつすべての物体の間にはたらく引力のこと。物体それぞれの質量に比例し、その間の距離の二乗に反比例する。

変位……12ページ
物体がどの向きにどれだけ移動したかを表す物理量のことで、変位を経過時間で割ると速度になり、速度を経過時間で割ると加速度になる。

運動方程式……14ページ
運動する物体の質量と加速度の積は、その物体にはたらく合力と等しいという関係がある。

慣性力……16ページ
物体にはたらくみかけの力のことで、加速度に対して逆向きにはたらく。また、その大きさは、物体の質量とその加速度の積で表される。

摩擦力……18ページ
物体の運動を妨げる力のことで、静止している物体にはたらく摩擦力を静止摩擦力、運動している物体にはたらく摩擦力を動摩擦力という。

抗力……20ページ
運動を妨げるような力のことで、摩擦力や空気抵抗などがある。

圧力……22ページ
単位面積あたりにはたらく力の大きさ。

浮力……24ページ
水圧の差によって生じる流体中の力。流体の密度×流体中にある物体の体積×重力加速度で計算できる。

空気抵抗……26ページ
空気中を運動するときに物体にはたらく抗力で、その大きさは物体の速さが大きくなるほど大きくなる。

力のモーメント……28ページ
物体を回転させる能力のこと。力の大きさと腕の長さの積で求められる。

仕事……30ページ
仕事の大きさは、加えた力の大きさとその方向に移動した距離の積で求められる。

エネルギー……32ページ
仕事をする能力のこと。運動エネルギーや電気エネルギー、音エネルギーなどがある。

運動量……34ページ
運動している物体の動きの量を示すもの。物体の質量と速度との積で求められる。

力積……36ページ
物体に力が加わる時間とその力の積のこと。運動量の変化に密接に関係している。

向心力……38ページ
円運動する物体にはたらく、円軌道の中心に向かう力のこと。向心力の大きさは円軌道の半径に反比例し、物体の速度の二乗に比例する。

角運動量……40ページ
回転の勢いを表す量。慣性モーメントと角速度の積で表される。

復元力……42ページ
物体がもとの位置や形に戻ろうとする力のこと。ばねなどは、伸び縮みをしている長さに比例した大きさの力を生じる。

万有引力……44ページ
質量をもつすべての物体の間にはたらく引力のこと。万有引力の大きさは物体それぞれの質量に比例し、その間の距離の二乗に反比例する。

第2章

熱の性質を理解する「熱力学」

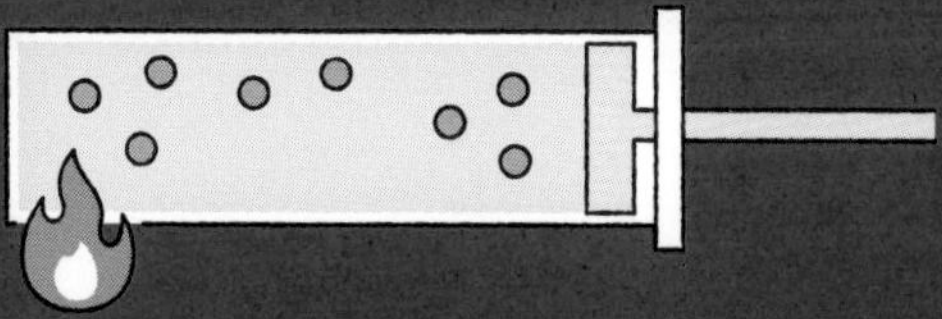

熱力学では、熱と温度の関係を理解することから始まります。そして、エネルギーがどのように移動し、変換されるかを学びます。また、エネルギーの効率的な利用について考えることも重要で、理想的な状況と現実の状況での熱効率の違いに着目しながら学習していきましょう。

熱力学

1

熱と温度って何が違うんですか？

POINT

熱力学で温度を用いて計算する場合、絶対温度を使う

物理学では熱と温度は別モノ

「熱」と「温度」は、物理学では別のものとして定義されています。**熱は物体の温度を変化させるエネルギーのひとつ**で、その量を表す概念です。一方、温度は、ある基準に対してその物体がどのくらい熱いかを表す指標です。温度には、セルシウス温度（単位は℃）や絶対温度（単位はK）などがあります。

日本で使われているのはセルシウス温度です。もともとは1気圧で水が凍り始めるときの温度を0℃、沸騰し始めるときの温度を100℃として温度を設定していましたが、現在は絶対温度を基準としており、絶対温度で表される温度から273・15をひいた数値がセルシウス温度となります。

物体をつくっている分子や原子は、常に激しく運動しており、これを熱運動といいます。

絶対温度は、原子や分子の熱運動がほとんどなくなる温度（マイナス273・15℃）を0Kとする温度で、現在は絶対温度とエネルギーを関連づけるボルツマン定数を用いて定義されています。原子や分子のミクロな世界では、**分子の運動エネルギーが大きければ高温になります。**温度が下がるということは、分子や原子の運動エネルギーが小さくなることです。

同じ熱量を加えても、温度の上がり方は物体によって異なります。物体1gの温度を1K上げるのに必要な熱量を比熱といい、比熱が小さい物体ほど少ない熱量で温度が変化します。比熱に物体の質量をかけたものを熱容量といいます。

お答えしましょう！

熱は原子や分子の運動のエネルギーで、運動エネルギーが大きくなるほど温度は高くなります。

■ 物質の三態と熱運動

物質の三態とは固体、液体、気体のことです。固体は粒子が留まりながら振動しているため、形状が一定です。液体は粒子が近くに存在しながらも自由に動いており、流動性があるため、形状は容器によって変わります。気体は粒子が高速で自由に動き回るため、形状が変わります。また、温度が上昇すると粒子の熱運動は活発になり、個体から液体、液体から気体へと変化していきます。

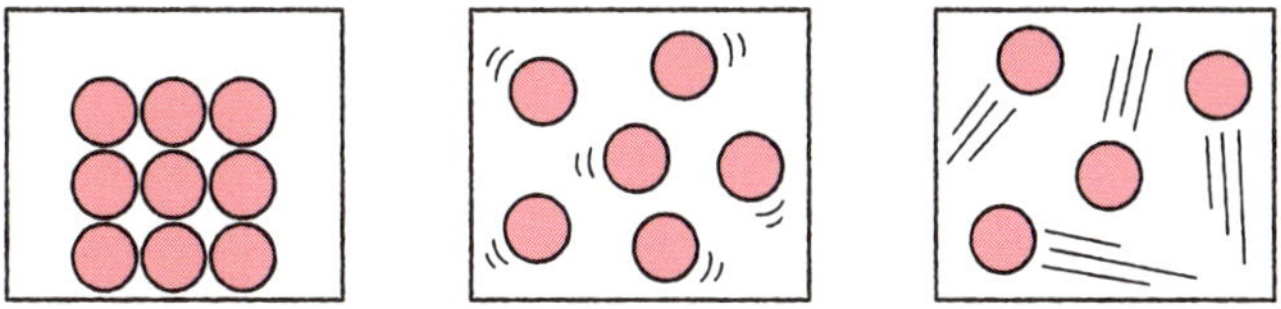

固体　　液体　　気体

■ 温度の表し方

	単位	水の融点	水の沸点
絶対温度	K	273.15K	373.15K
セルシウス温度	℃	0℃	100℃

KEYWORD

比熱……ある物質1gあたりの温度を1K上げるのに必要な熱量。比熱の大きな物質ほど温まりにくく冷めにくい。

2 熱力学には何か法則ってあるんですか？

POINT
熱力学の法則は、エネルギーと熱の基本的な性質を示す

熱力学の基本となる三つの法則

熱力学には、基礎となっている三つの法則があります。

一つ目は**熱力学第一法則で、エネルギー保存の法則です。**物体の内部エネルギーの増加量は、外部から物体に加えた熱量と加えた仕事（エネルギー）の和で求めることができます。物体に外部から熱や仕事を与えると内部エネルギーは増加しますが、エネルギーの総量は常に一定で、増減しません。

二つ目は熱力学第二法則です。熱力学第二法則は「熱は温度の高い物体から温度の低い物体へ移動するが、その逆は起こらない」という法則です。例えば、カップに熱いコーヒーを入れて放置しておくと、コーヒーは冷えていき、周りの空気と同じ温度になります。しかし、周りに放出された熱が再び集まって熱いコーヒーになることはありません。つまり熱は、必ず高い物体の温度から低い物体の温度へ移動します。このように、**もう一度もとの状態に戻ることがない変化を不可逆変化といいます。**

また、熱力学第二法則は「エントロピー増大の法則」とも呼ばれています。エントロピーとは乱雑さを表す量で、熱現象を伴う自然現象において、エントロピーは必ず増大していきます。

三つ目の**熱力学第三法則は、温度には絶対零度（マイナス273・15℃）という下限があるという法則**です。熱とは原子や分子の運動エネルギーであり、物体の温度が絶対零度になると、原子や分子の運動がほとんどなくなり、エントロピーは0になります。

お答えしましょう！

熱力学には基礎となる三つの法則があります。

■ 熱力学第一法則

熱力学第一法則は、エネルギーの変換や移動に関する基本的な原理を説明しており、次の式で表されます。

内部エネルギーの増加量 ＝ 外部から加えた熱量 ＋ 外部からされた仕事

例えば、気体を圧縮すると、外部からの仕事が気体の内部エネルギーを増加させ、温度が上昇します。 一方、気体が膨張する際には、内部エネルギーが減少し、周囲に仕事を行います。

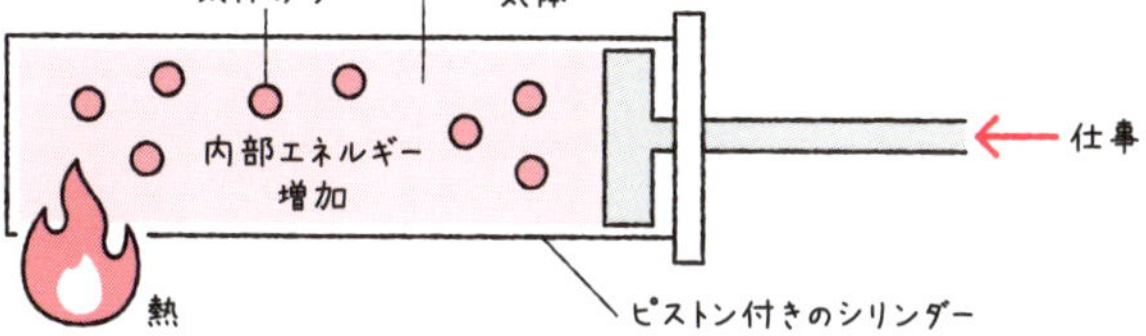

■ 熱力学第二法則

熱力学第二法則は、エネルギーの変換における不可逆性を示す原理です。 例えば、ホットコーヒーに氷を入れてアイスコーヒーにしたものを、氷を取り除いてホットコーヒーに戻すことはできないように、外部から何もしなければ、熱の移動は一方向であるということです。

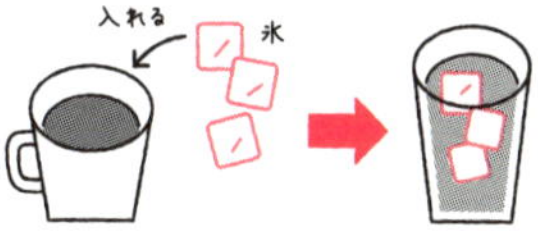

アイスコーヒーはホットコーヒーには戻らない

KEYWORD

エントロピー……物質を構成する原子や分子の乱雑さを示す量。乱雑になるほどエントロピーは大きくなる。

3 ボイル・シャルルの法則って何を表しているんですか？

POINT
ボイル・シャルルの法則は、気体の圧力、体積、温度の関係を示している

圧力・体積・温度の関係を示す法則

ボイル・シャルルの法則は、気体の性質を理解するための基本的な法則で、気体の圧力、体積、温度の関係を示します。この法則は、二つの異なる法則の組み合わせで成り立っています。

一つ目はボイルの法則です。**ボイルの法則とは、一定の温度下で、物質量が一定である気体の体積は圧力に反比例するという法則**です。物質量が一定である気体を、密閉されたシリンダーの中に入れ、温度を一定に保った上で気体を圧縮していきます。このとき、体積が半分になると気体の圧力は二倍になり、体積が三分の一になると圧力は三倍になります。

二つ目はシャルルの法則です。**シャルルの法則とは、気体の圧力が一定のとき、物質量が一定であるため気体の絶対温度は、体積に比例するという法則**です。気体を密閉した容器に入れて熱を加えたとき、絶対温度が二倍になると、気体の体積も二倍になります。これは、動き回っている気体の分子は温度が上がり、熱エネルギーが加わるとより激しく動き回るようになるため、体積が増えるのです。風船を熱していくと膨張するのはこのためです。体積が増えた気体は、密度が小さくなり、軽くなります。熱気球が空に浮かぶのは、気球の中の空気が膨張し、軽くなるからです。

ボイルの法則とシャルルの法則を一つの式にまとめたものがボイル・シャルルの法則で、「物質量が一定である気体の体積は、圧力に反比例し、絶対温度に比例する」という法則です。

お答えしましょう！

一定の物質量の気体の体積は、圧力に反比例し、絶対温度に比例します。

■ **ボイル・シャルルの法則**

ボイル・シャルルの法則は、理想気体の性質を表す基本的な法則で、気体の圧力、体積、温度の関係を示しています。ボイルの法則とシャルルの法則を組み合わせたこの法則は、次の式で表すことができます。

$$\frac{圧力 \times 体積}{温度} = 一定$$

これは、圧力や体積、温度の値がそれぞれが変化したとしても、この関係値は変わらないことを意味しています。

気球は、熱を加えることで気球内の空気が膨張し、体積が大きくなることで軽くなるため、浮かび上がるのです！

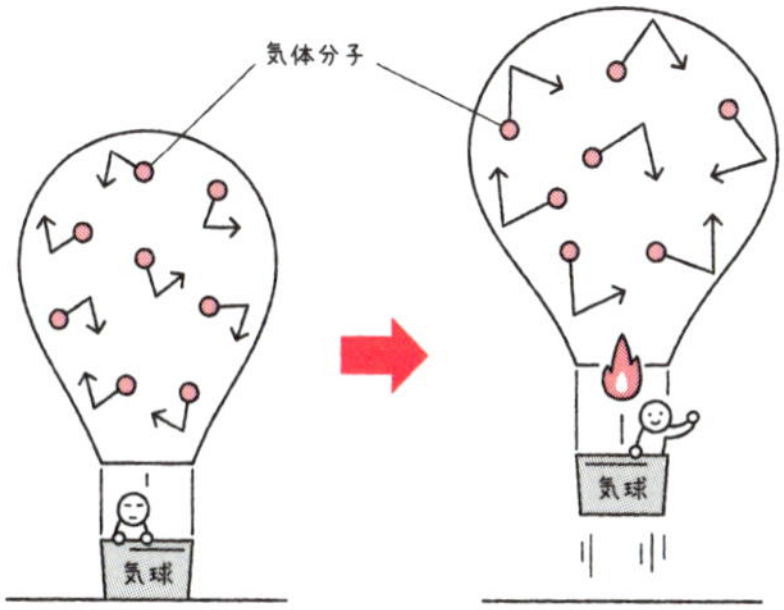

> 🔑 **KEYWORD**
>
> **熱膨張** …… 物体に熱を加えることによって体積が大きくなり、密度が小さくなることを熱膨張という。

熱力学

4

気体の状態方程式って何ですか？

POINT

理想気体は、分子の大きさなどを無視した仮想の気体である

理想の気体で計算を単純化

ボイル・シャルルの法則により、圧力、体積、温度の値が変化しても、「圧力×体積÷温度」の値は一定です。しかし、実際の気体には、その気体を構成する分子の大きさや分子の間にはたらいている力があります。そのため、高圧や低温の状態では、気体が液体や固体になったりしてしまい、ボイル・シャルルの法則が成り立ちません。

　そこで、気体の圧力、体積、温度と物質量の関係を単純な式で求められるよう、便宜上、**分子の大きさがなく、分子間の力をもたず、常にボイル・シャルルの法則が成り立つ気体を想定します。この気体を理想気体といいます。**

　理想気体では、「圧力（気圧）と体積（1モル分）の積は、気体定数と絶対温度の積と等しくなる」という関係が成り立ちます。これを式で表したものが理想気体の状態方程式です。

　ここで気体定数とは、理想気体の状態方程式に導入される定数で、気体の種類によらず、決まった数値になります。

　またモルとは、物質を構成する物質量の単位です。物質量は物質の粒子の数を表す量で、気体の状態方程式や化学反応における反応物と生成物の関係を定量的に評価するために用いられます。

　理想気体の内部エネルギーは、「物質量と気体定数と絶対温度の積」の1・5倍となり、物質量と絶対温度に比例します。また、理想気体の状態方程式から、温度が変わらなければ圧力と体積は反比例します。

お答えしましょう!

理想の気体を想定し、気体の圧力、体積、温度の変数を求めるのが気体の状態方程式です。

■ 理想気体の状態方程式

理想気体の状態方程式は、ボイル・シャルルの法則が常に成り立つ気体を想定したときの関係を示すもので、圧力p、体積V、温度Tのほか、物質量n、気体定数Rを用いて次の式で表されます。

$$pV = nRT$$

なお、物質量nは単位をモルとする気体中の分子の数を示す量で、1モルはアボガドロ定数である約 6.02×10^{23}個の分子を含みます。また気体定数Rは、理想気体の状態方程式における比例定数であり、その値は約8.31 J/(mol・K)です。

■ 圧力と体積の関係

風船内で閉じ込められている気体の圧力よりも外から加わる圧力(気圧)が小さければ、風船内の体積は大きくなります。反対に、外からの気圧が大きければ、風船の体積は小さくなります。

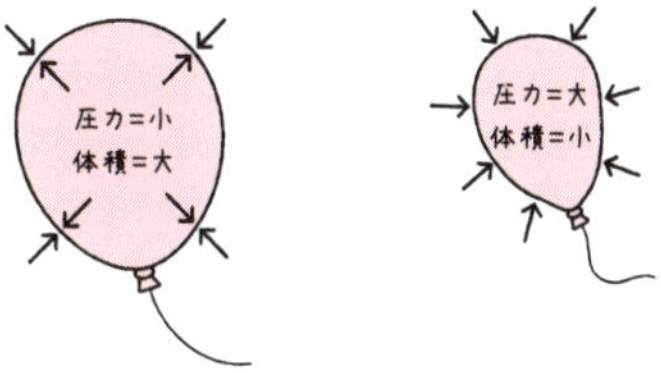

KEYWORD

気体定数 …… 理想気体の状態方程式に使われる定数で、気体の種類にかかわらず約8.31 J/(mol・K)となる。
物質量 …… 物質の粒子の数を表すもので、モル(mol)という単位を用いる。また、標準状態における1モルの気体の体積は22.4Lである。
アボガドロ定数 …… 1モルの物質の粒子の数で、約 6.02×10^{23}個である。

気体が行う仕事にはどんな種類がありますか？

POINT

気体の状態変化は4つあり、各変化で熱と仕事の関係が異なる

気体の状態変化は大きく分けて4種類

気体の状態変化には大きく、断熱変化、等温変化、定圧変化、定積変化の4種類があります。

断熱変化は、外部との熱のやり取りなしに行われる変化です。外部からピストンを押しこみ体積を縮めると、圧力が上がり、気体の温度は高くなります。これを断熱圧縮といいます。逆に外部へピストンを押し出し、体積を膨張させると、気体の圧力が下がり、温度は低くなります。これを断熱膨張といいます。雲のでき方も断熱変化が関係しています。地表付近の空気が熱せられて膨張し、軽くなって上昇します。上空ほど気圧が低くなるため、上昇した空気は断熱膨張によって温度が下がり、水蒸気が凝縮して雲になるのです。

等温変化は、温度を一定に保った気体の変化です。温度が一定なので、気体の内部エネルギーも一定になります。そのため、気体に加えられた熱はすべてピストンを押し出す力に変わり、外部に仕事をします。

定圧変化は、気体の圧力を一定に保った気体の変化です。気体に加えられた熱量の一部が仕事に変わり、残りは内部エネルギーに変化するため、徐々にピストンが押し出されます。蒸気の膨張力を利用した汽力発電では、熱せられた気体の膨張など、状態変化を利用してタービンを回して発電します。

定積変化は、体積を一定に保った気体の変化です。シリンダーの中の気体を熱しても体積は変わらず、気体の圧力と温度が上昇します。

お答えしましょう!

気体の状態変化には大きく断熱変化、等温変化、定圧変化、定積変化の4種類があります。

■ 断熱変化の仕組み

断熱変化とは、気体の体積や圧力が変化する際に熱エネルギーの出入りがない状態を指します。 この変化では、気体内部のエネルギーが仕事に変わるため、温度が変化します。

例えば、ピストンを押し込むと、気体が断熱的に圧縮されます。 この過程では、外部からの熱が気体に加わることなくピストンの力で圧縮されることで、気体の内部エネルギーが増加し、温度が上昇します。 逆に、ピストンを引くと、気体は外部からの熱を受け取ることなく、自身の内部エネルギーを使って仕事を行います。 結果として、内部エネルギーが減少し、温度が下がります。

外部からピストンを押し込むと……

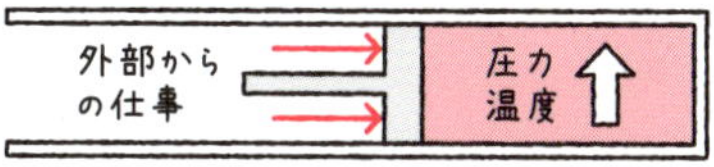

外部からピストンを押し出すと……

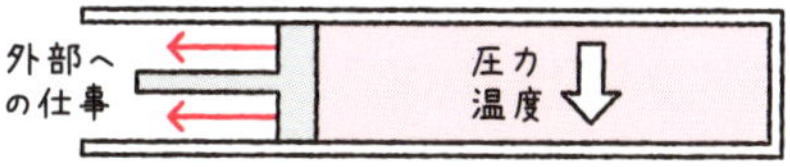

KEYWORD

断熱膨張と断熱圧縮……外部と熱の出入りがなく、気体が体積を大きくする過程で温度が下がる現象を断熱膨張といい、気体の体積が減少し、温度が上がる現象を断熱圧縮という。

熱力学

6

気体の中の分子はどう動くんですか？

POINT

高温と低温の物体が接触すると、熱平衡に達す

気体の内部では分子が飛び回っている

温度が違う二つの物体を接触させると、高温の物体は温度が下がり、低温の物体は温度が上がります。そして**十分な時間が経過すると、両方の物体の温度は等しくなります。**この状態を熱平衡状態といいます。熱平衡状態にある物体は、圧力、体積、温度などが変化しません。

気体の分子に着目して気体の性質を説明する理論を気体分子運動論といい、この理論では**気体の内部エネルギーは、分子の運動エネルギーだと考えます。**

気体の分子の速度は、気体の温度が高いほど大きくなります。気体の温度が高くなるほど、分子の運動エネルギーが平均的に高くなり、速度が大きくなります。逆に気体の温度が低くなると、分子の運動エネルギーが平均的に低くなり、速度が小さくなります。

高温の気体と低温の気体が接すると、高温の気体分子と低温の気体分子が衝突し、高温の気体分子から低温の気体分子に運動エネルギーが伝わっています。

運動エネルギーを受け取った低温の気体分子は、運動が激しくなって温度が上昇します。高温の気体分子は、運動エネルギーを失って気体分子の動きが鈍り、温度が下がります。

熱平衡状態の気体でも、速度の大きい分子と小さい分子が存在しますが、温度の高いときのほうが、分子の平均速度が大きくなります。また温度によってそれぞれの速度の分子の分布が異なります。これをマクスウェル分布といいます。

お答えしましょう!

気体の分子の運動に着目して気体の性質を説明する理論を気体分子運動論といいます。

■ 熱平衡状態の流れ

熱平衡状態とは、異なる温度の物体が接触し、熱が移動することによって温度が均一になり、最終的に熱の出入りがなくなる状態を指します。 例えば、気温の高い部屋と低い部屋がドアで遮られているとします。 このドアを開けて二つの部屋の空気が接触できるようにすると、暖かい部屋の空気の熱が寒い部屋の空気へ伝わり、時間が経つと部屋全体が徐々に温まっていき、やがてほぼ均一になります。 この状態が熱平衡に達した状態です。

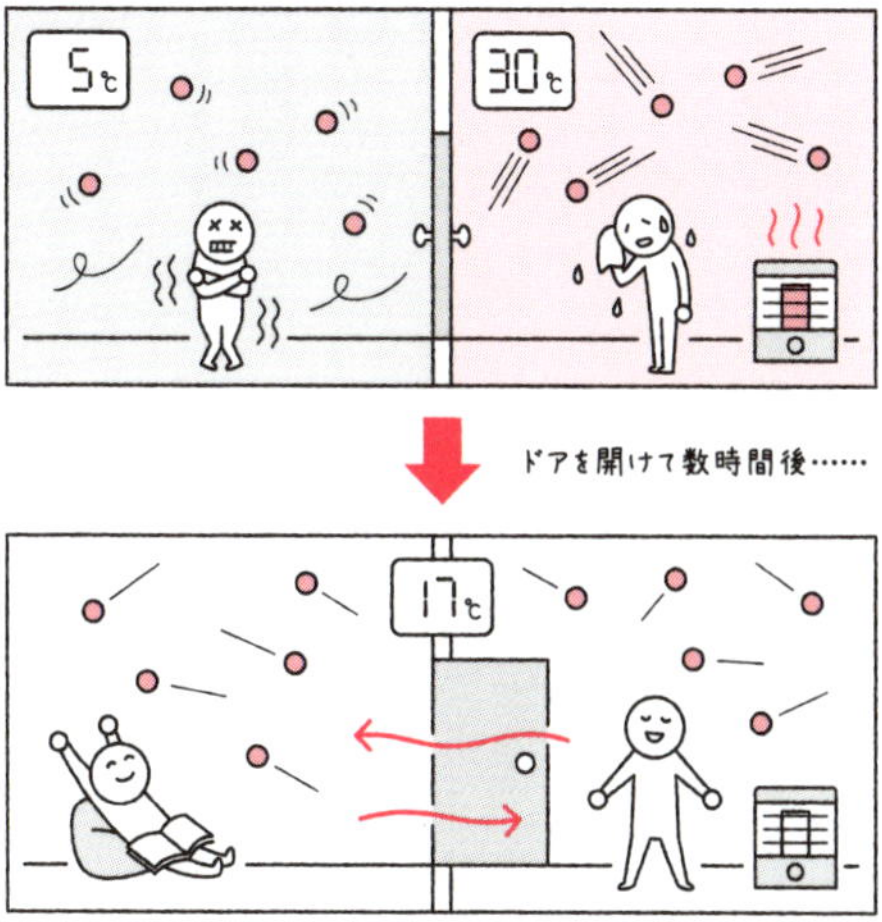

KEYWORD

マクスウェル分布 …… 熱平衡状態における、気体分子の速度に関する確率関数のこと。

7 内部エネルギーってどんなエネルギーなんですか？

POINT

理想気体では分子間力とポテンシャルエネルギーが無視される

絶対温度に比例する理想気体のエネルギー

物体は温度によってさまざまな状態を取ります。温度が高くなると、物体は分子がバラバラに運動する気体になります。

物体のエネルギーとは、物体の運動による運動エネルギーと、物体内部の分子の運動エネルギー、分子間力によるポテンシャルエネルギーによって構成されています。

このうち、物体内部の分子の運動エネルギーと、分子間力によるポテンシャルエネルギーの総和を物体の内部エネルギーといいます。

分子間力とは分子どうしの間にはたらく物質全体に分布している力のことで、分子の質量が大きければ大きいほど、分子間力が強くなります。また物体の温度を高くすると分子の運動が激しくなり、運動エネルギーが大きくなるので、相対的に分子間力の影響は小さくなります。

理想気体の場合、分子間力はないとみなすので、分子間力によるポテンシャルエネルギーもないと考えます。したがって**理想気体の内部エネルギーは、分子の運動エネルギーの総和になります。**

気体に熱を加えると、分子の運動が激しくなって、内部エネルギーが増加します。それにより、ピストンが外に向かって押し出され、仕事をします。

理想気体の内部エネルギーは、物質量と絶対温度に比例し、熱力学第一法則に従います。一方、実在気体には分子間力によるポテンシャルエネルギーがあるため、気体の状態方程式が完全には成り立ちません。

お答えしましょう！

物体内部の運動エネルギーとポテンシャルエネルギーの総和を内部エネルギーといいます。

■ 内部エネルギーとは

内部エネルギーとは、分子の運動エネルギーと分子間力によるポテンシャルエネルギーから成り立っています。分子の運動エネルギーは、分子の運動速度や温度に依存し、温度が上昇すると分子の運動が活発になります。一方、ポテンシャルエネルギーは、分子間の引力や斥力によって決まり、分子の配置や状態（固体、液体、気体）に応じて変化します。

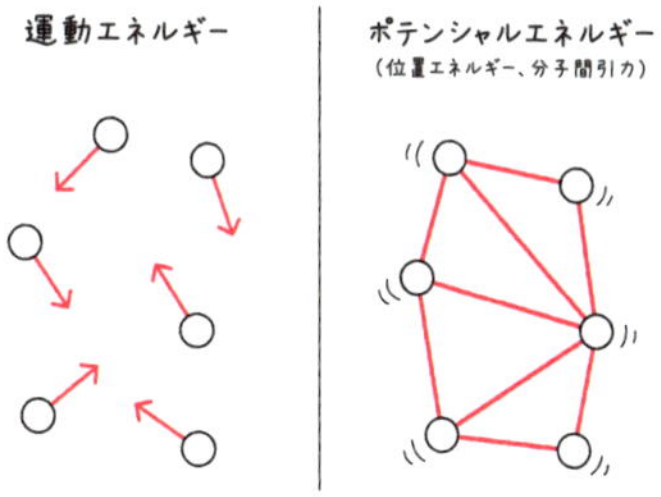

簡単にいうと、内部エネルギーは物体に熱が加わると増加して、熱が放出されると減少するのです。分子がどれだけ活発に動けるか、というのが内部エネルギーのポイントです。

KEYWORD

モル …… 物質量を表すSI基本単位。12gの炭素12に含まれる原子の数を1モルとする。

エンジンにも活用される熱機関はどんな仕組みですか？

POINT
熱機関は熱エネルギーを仕事に変換する装置である

最も熱効率の良い熱機関

熱として得たエネルギーを仕事に変える装置を熱機関といいます。熱機関には、内燃機関と外燃機関があります。

内燃機関は、ガソリンなどの燃料を機関（エンジン）内部で燃焼させ、そのエネルギーでピストンを動かし、自動車などが走る回転エネルギーに変換することで仕事をする機関です。自動車やバイク、ジェット機、ロケットのエンジンなどが代表的な内燃機関です。

外燃機関は、ボイラーのように機関の外で燃焼させた熱エネルギーを熱交換器などで気体や液体に与え、仕事をさせるものです。代表的な外燃機関には、蒸気機関、蒸気タービン、原子力発電などがあります。

熱機関に与えられた熱エネルギーのうち、どのくらいが仕事や、電力などの有用なエネルギーに変換されるかという割合を熱効率といいます。熱効率は一般的に、出力エネルギーを入力エネルギーで割ることで求められますが、その値が1を超えることはありません。

カルノーサイクルは、フランスの物理学者カルノーが考案した最も効率の良い熱機関です。カルノーサイクルは、①高熱源から熱を取り入れる（等温膨張）→②断熱膨張→③熱を低熱源に放出（等温圧縮）→④断熱圧縮という4つの工程を繰り返すことで、エネルギーを変換しながら外部に仕事を行います。

具体的には、①の行程で熱を得て仕事を行い、③の工程で熱を放出します。そして、その熱量の差が行った仕事になります。

お答えしましょう!

カルノーサイクルは、フランスのカルノーが考案した理論上最大の熱効率を示す熱機関です。

■ 内燃機関の仕組み

内燃機関は、燃料を燃焼させて発生する熱エネルギーを機械的エネルギーに変換する装置です。ピストンが引かれると新たな空気と燃料が吸入され、ピストンが押されると圧縮された混合気が点火され、燃焼が起こります。このサイクルが繰り返されることで、エンジンは連続的に動力を生み出します。

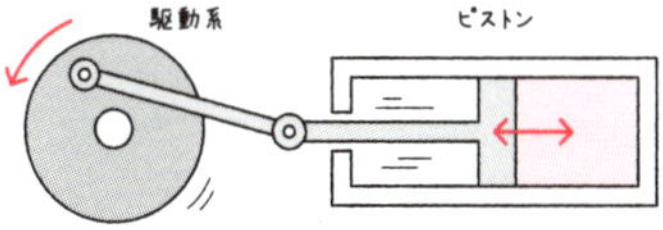

■ カルノーサイクル

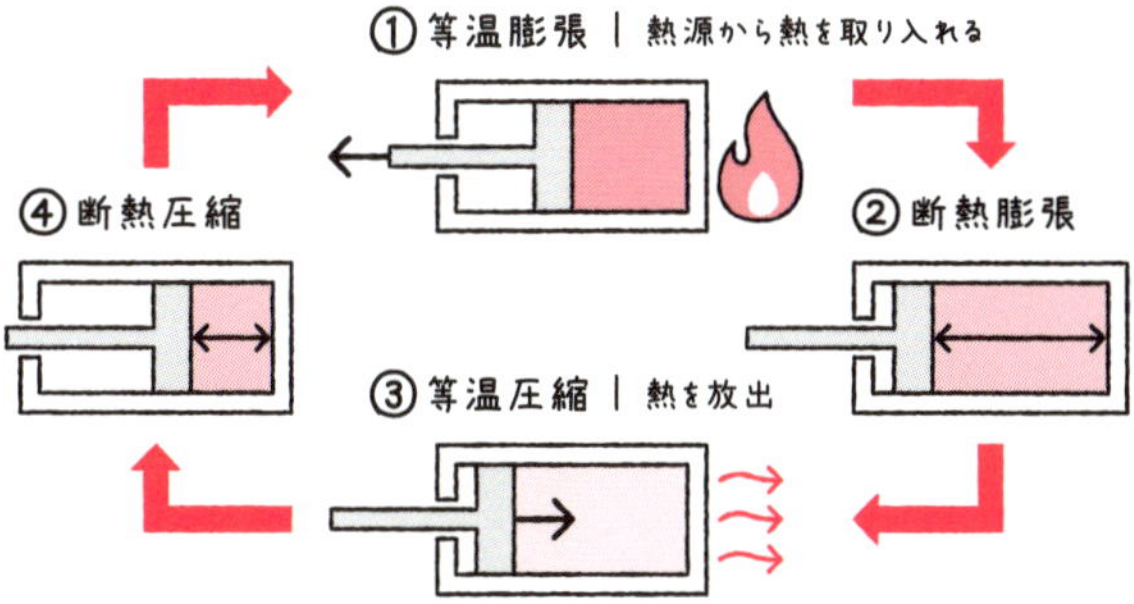

KEYWORD

熱源……他の物体に熱を供給したり、あるいは他の物体から熱を吸収したりする物体のこと。

カルノーサイクルを利用した身近なものはありますか？

PCやスマホにも使われるヒートパイプ

カルノーサイクルは理論上、最大効率となる熱サイクルです。カルノーサイクルを実現することは不可能ですが、応用した一例として実用化されている装置が、ヒートパイプです。

ヒートパイプとは、銅やアルミなど熱伝導率が高い金属のパイプの中に、少量の作動液と呼ばれる液体（純水など）を真空封入したものです。パイプの内側には毛細管構造（ウィック）が作られています。

ヒートパイプの動作は、作業液の蒸発と凝縮による熱移動に基づいています。熱源にヒートパイプの一端を密着させると、その部分の作動液が蒸発して気体になり、熱を吸収してパイプの低温部に移動します。

低温部に移ると、作動液は凝縮し、熱を放出して液体に戻ります。液体に戻った作動液は、ウィックの毛細管現象によって元の熱源部分に戻っていきます。

こうしてヒートパイプは、高温部から低温部へと熱を伝えます。温度差が小さくても作動液の気化、液化、移動は非常に高速で、連続的に起こります。さらに**ヒートパイプは動力源を必要とせず、つくりがシンプルで長寿命という特長があります**。

放熱しにくい部分で発生した熱を他の場所に移動させることができるので、1960年代後半、NASA（アメリカ航空宇宙局）が人工衛星の熱対策にヒートパイプを利用し、その後さまざまな用途が開発されてきました。最近では、パソコンやスマートフォンなどの電子機器の熱対策にも利用されています。

POINT

ヒートパイプは熱を効率的に移動させる装置である

お答えしましょう！

高速で熱を移動させることができるヒートパイプは、スマホにも使われている伝熱装置です。

■ ヒートパイプとは

ヒートパイプは、熱伝導と蒸発・凝縮の原理を利用して効率的に熱を移動させる装置です。ヒートパイプの特徴は、液体が加熱されて蒸発し、熱エネルギーを吸収することにあります。蒸発部で液体が加熱されると、気体になって凝縮部へ移動します。凝縮部では気体が冷却され、熱を放出します。凝縮した液体は、ウィックを伝って再び加熱部分に戻ります。この循環プロセスにより、熱エネルギーが非常に効率的に移動します。

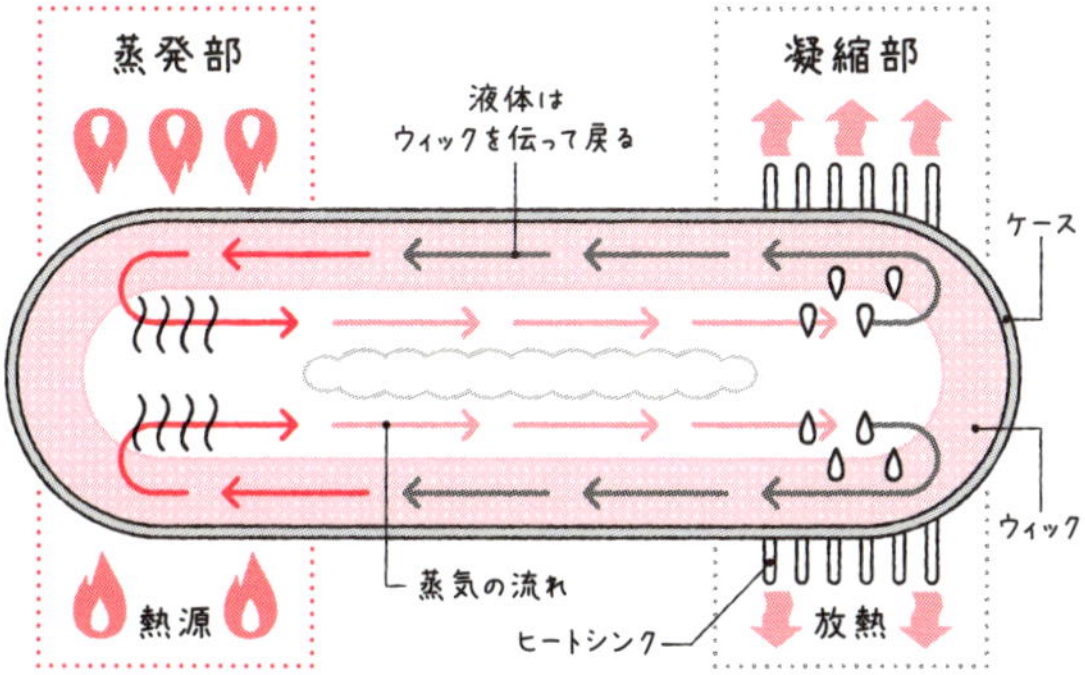

KEYWORD

潜熱……物質が液体→気体、気体→液体など状態変化する際に吸収・放出する温度変化を伴わない熱のこと。

熱力学

10

コージェネレーションシステムってどんなシステムですか？

POINT

排気熱を利用して、効率的にエネルギーを供給するシステム

発電の排気熱を有効利用する

コージェネレーションシステムは、熱源から電力と熱という二つのエネルギーを同時に生産し、供給するシステムの総称で、略して「コージェネ」、あるいは「熱電併給システム」と呼ばれることがあります。

日本国内では、エンジン、ガスタービンなどの内燃機関や燃料電池などで発電を行い、その際に発生する熱を利用する方法が主に使われています。

一方海外では多くの場合、蒸気ボイラー、蒸気タービンで発電を行い、発生した蒸気の一部を熱として利用する方法が採用されています。

コージェネレーションシステムの大きな特長は、発電の際に発生した排気熱を、有効利用することができるという点です。

コージェネレーションシステムは、熱を捨ててしまわずに利用することで、発電だけしかしない場合より、はるかに高いエネルギー効率を実現しています。

内燃機関を活用したコ場合、火力発電所で発電とともに発生した熱を利用して、工業用の温水や蒸気として利用したり、近隣地域の暖房や給湯の熱源として使っています。

最近では、工業用ばかりでなく、家庭にもコージェネレーションシステムは普及しています。給湯器でガスを燃焼させ、その熱で水を温めてお湯を沸かす際に出る排気熱を利用して、もう一度お湯を温める「エコジョーズ」や、ガスから水素を取り出して発電する燃料電池型の「エネファーム」などが代表的なシステムです。

お答えしましょう!

熱源から電力と熱を同時につくりだし、供給するのがコージェネレーションシステムです。

■ コージェネレーションシステムの仕組み

コージェネレーションシステムは、燃料を燃焼させて発電機を稼働させる内燃機関やガスタービンを使用し、その際に発生する廃熱を回収して有効活用するシステムです。 このシステムの基本的な仕組みは、燃料が燃焼し、発電が行われることです。 発電過程では、多くの熱が廃棄されますが、コージェネレーションではその廃熱を無駄にせず、温水や蒸気として再利用します。 また、二酸化炭素排出量の削減にも寄与しています。

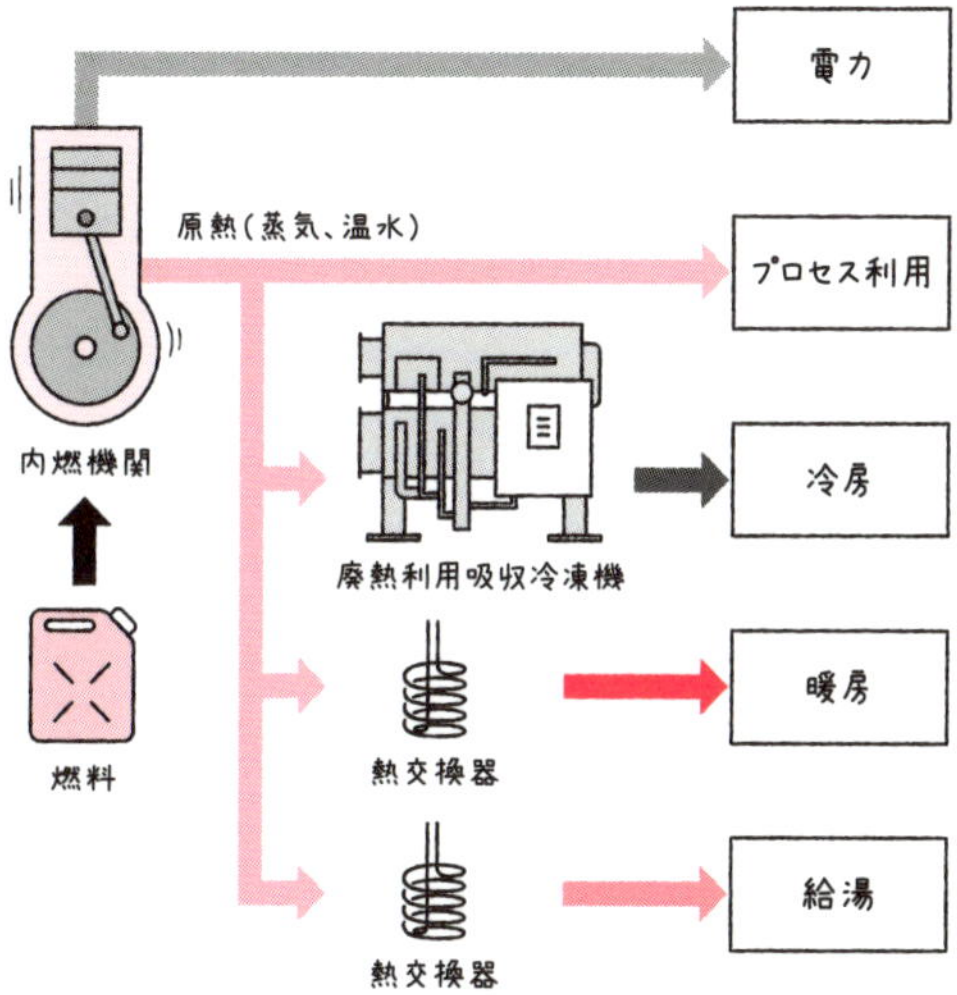

KEYWORD

ガスタービン…… 内燃機関の一つで、燃焼器で高温高圧ガスを燃焼させ、回転の動力を取り出すシステム。

熱力学

11

熱力学を活用した再生可能エネルギーを教えてください！

POINT

逆カルノーサイクルはエアコンのヒートポンプに応用される

逆カルノーサイクルを応用したヒートポンプ

カルノーサイクルは、等温圧縮→断熱膨張→等温膨張→断熱圧縮と、サイクルの流れを逆向きにすることができます。これを逆カルノーサイクルといいます。逆カルノーサイクルは、エアコンの暖房や冷房に使われるヒートポンプとして実用化されています。

ヒートポンプとは、大気中の熱エネルギーを集めて空調や給湯などに利用する技術です。

ヒートポンプは、圧縮機、凝縮器、膨張弁、蒸発器と、これらを結ぶ配管から構成されています。そして、非常に低い温度でも蒸発する冷媒（熱を運ぶ物質）が、配管の中を循環しています。冷媒は、蒸発器で空気などからの熱源から熱を吸収し、蒸発します。

蒸発して気体になった冷媒は、圧縮機で圧縮され、高温高圧の気体として、凝縮器に送られます。凝縮器で冷媒は熱を放出して液体になり、膨張弁で減圧されて蒸発器に戻るということを繰り返しています。

暖房に利用する際には、冷媒の温度が外気温より下がったとき、大気中の熱を吸収して、冷媒の温度が上がったときに熱を放出します。冷房のときは、逆に室内の熱が取り込まれ、室温が下がります。

ヒートポンプでは、使用する電気を熱エネルギーとしてではなく動力源としてだけ使用し、消費電力の数倍の熱を移動できます。そのため、太陽光という再生可能エネルギーを利用した技術として注目されています。

お答えしましょう!

ヒートポンプは逆カルノーサイクルを利用し、エアコンの冷暖房などに使われています。

■ 逆カルノーサイクルの流れ

逆カルノーサイクルは、4つの基本的な過程から成ります。まず、冷却側で低温の熱源から熱を吸収する過程（等温膨張）があります。この過程では、冷媒が低温熱源から熱を吸収し、蒸発します。次に、気体は圧縮され、仕事を行って温度を上げます（断熱圧縮）。その後、高温熱源に熱を放出する過程（等温圧縮）が続き、冷媒が凝縮します。最後に、冷媒の圧力を下げることで次のサイクルが始まります（断熱膨張）。このサイクルを利用することで、エアコンは外部の熱を取り込んで室内を冷却することができ、ヒートポンプは外部から熱を取り込んで室内を暖めることができるのです。

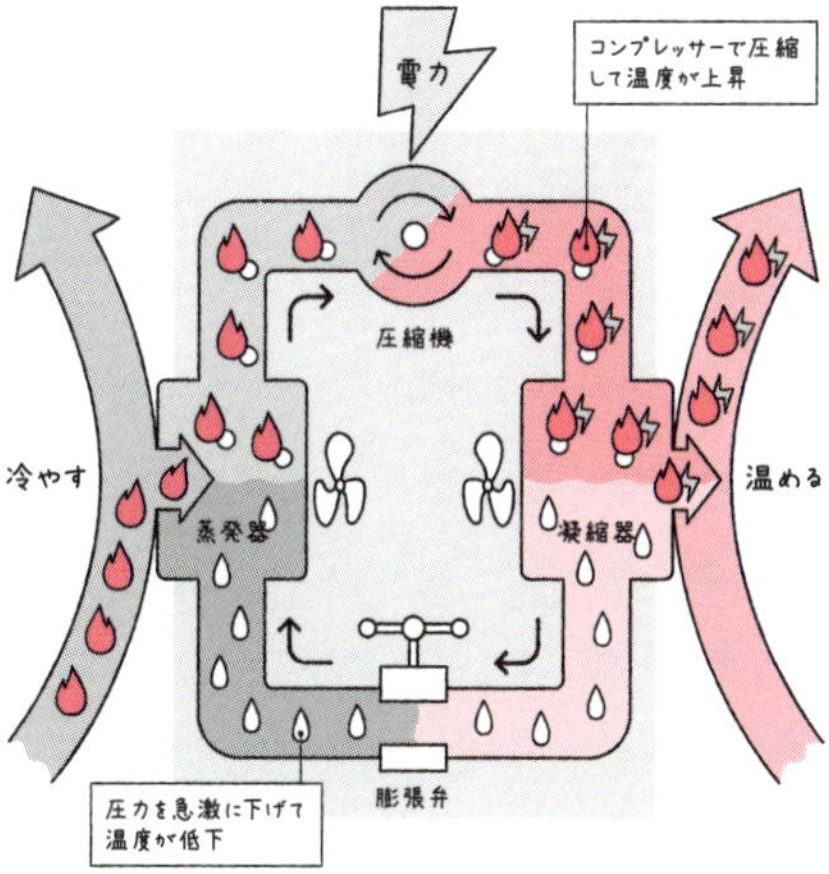

KEYWORD

再生可能エネルギー……太陽光、風力、地熱など、自然界に存在し繰り返し利用できるエネルギーのこと。

比熱……………………48ページ
ある物質1gあたりの温度を1K上げるのに必要な熱量。比熱の大きな物質ほど温まりにくく冷めにくい。

エントロピー……………………50ページ
物質を構成する原子や分子の乱雑さを示す量。乱雑になるほどエントロピーは高くなる。

熱膨張……………………52ページ
物体に熱を加えることによって体積が大きくなり、密度が小さくなる現象。

気体定数……………………54ページ
理想気体の状態方程式に使われる定数で、気体の種類にかかわらず一定の値である。

物質量……………………54ページ
物質の粒子の数を表すもので、モルという単位を用いる。

アボガドロ定数……………………54ページ
1モルの物質の粒子の数で、その個数は決まっている。

断熱膨張……………………56ページ
外部と熱の出入りがなく、気体が体積を大きくする過程で温度が下がる現象。

断熱圧縮……………………56ページ
外部と熱の出入りがなく、気体の体積が減少する過程で温度が上がる現象。

マクスウェル分布……………………58ページ
熱平衡状態において、気体分子の速度に関する確率関数のこと。

モル……………………60ページ
物質量を表すSI基本単位。

熱源……………………62ページ
他の物体に熱を供給したり、あるいは他の物体から熱を吸収したりする物体のこと。

潜熱……………………64ページ
物質が液体→気体、気体→液体など状態変化する際に吸収・放出する温度変化を伴わない熱のこと。

ガスタービン……………………66ページ
内燃機関の一つで、燃焼器で高温高圧ガスを燃焼させ、回転の動力を取り出すシステム。

再生可能エネルギー……………………68ページ
太陽光、風力、地熱など、自然界に存在し繰り返し利用できるエネルギーのこと。

第 **3** 章

光や音を観測する「波動」

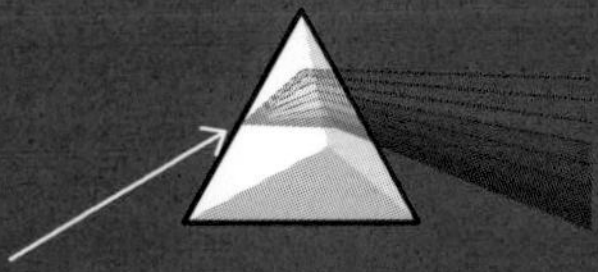

波動分野は、波の性質や振る舞いを扱います。音波や光波などの基本概念を学び、波の干渉や回折、ドップラー効果などの現象を理解します。これらの理論は、音響技術や光通信、さらには医療分野での超音波診断などに応用され、科学技術の発展に貢献します。

波動

1

波の正体って何ですか？

身の回りにあふれている波の正体は振動！

ぴんと張ったロープの一端を壁に固定し、もう一端を持って上下に揺らすと、手の位置で与えた振動がどんどんとロープを伝わっていきます。このように、**ある点（波源）での振動が次々と伝わっていく現象のことを、物理における「波」または「波動」といいます。**

私たちの身のまわりは波であふれています。水面を伝わる波はもちろん、音や光、地震なども波の一種です。波を伝える物質のことを媒質といい、水面の波では水、音では空気、地震では地面がこれにあたります。

ここで、波を伝える媒質そのものは移動しないということに注意しましょう。ロープの例に戻ってみると、手（波源）で与えた波がロープ（媒質）を伝わっていくとき、ロープ自身はその場で上下に振動するだけだというのがわかるはずです。

波のうち、単独で伝わる波のことをパルス波、連続的に伝わる波のことを連続波といいます。また、山と谷が周期的に繰り返すような、最もシンプルな形の波を正弦波といいます。

正弦波では、山から山（谷から谷）までの振動を1回の振動（1個の波）と数えます。このとき、波1個分の長さを波長、1回の振動にかかる時間を周期といいます。周期の逆数は振動数といい、1秒間に何回振動するかという値を表しています。波の伝わる速さと振動数、波長を結びつける1つの式を、波の基本式といいます。波の速さは、振動数が大きいほど、また、波長が長いほど大きくなります。

POINT

波は振動が媒質を介して伝わる現象である

お答えしましょう!

ある点での振動が次々と伝わっていく現象のことを波といいます。

■ 波の伝わり方

波の伝わり方（波形）には、いくつか種類があります。

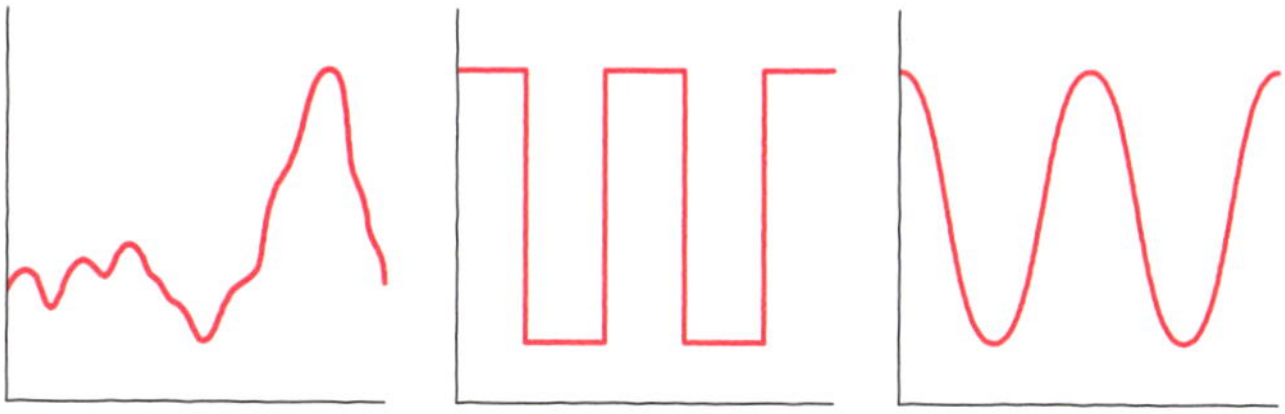

連続波　パルス波　正弦波

■ 波の基本式

$$速さ = \frac{波長}{周期}$$

$$振動数 = \frac{1}{周期}$$

2つの式から、波の速さは振動数×波長でも求められますよ！

KEYWORD

波の基本式……波の伝わる速さは、波の振動数と波長の積で求められる。

波動

2

波と波がぶつかり合ったらどうなりますか？

POINT

重ね合わせの原理で波が合成され、独立性が維持される

波は合成されたあと、そのまますり抜ける

人が向かい合って会話している場面を考えてみましょう。音の正体は波でしたから、もし二人が同時に声を出すと、波同士がぶつかることになります。しかし、波がぶつかったからといって、波が混ざり合って一つの音として聞こえたり、片方の波が飲み込まれて消滅したり、お互いの波が打ち消し合って一部が聞こえなくなったりすることはなく、それぞれの声が独立して聞こえますね。このように、**波はぶつかった後、もとの形のまますり抜けることができます**。このことを「波の独立性」といい、音に限らずすべての波がもつ基本的な性質です。

では、波同士がぶつかった瞬間はどうなるでしょうか。答えはシンプルで、それぞれの波の高さを合わせた高さの波ができます。このことを「重ね合わせの原理」といいます。たとえば、**高さが3mの波と2mの波が左右からやってきたとすると、ぶつかった瞬間には高さが5mの波ができます**。このようにしてできた波のことを合成波といいます。合成波ができた後は、波の独立性から、再び3mの波と2mの波に分かれ、それぞれもとの進行方向に沿って進んでいきます。この原理にしたがえば、たとえば高さがプラス1mの波とマイナス1mの波をぶつけたとき、波同士が打ち消し合うことになります。イヤホンなどのノイズキャンセリング機能はこの原理を利用しており、周囲の雑音を打ち消すような波を発生させ、聞こえないようにしているのです。

お答えしましょう!

ぶつかった瞬間は合成波ができるが、その後はもとの波のまますり抜けます。

■ 波の合成

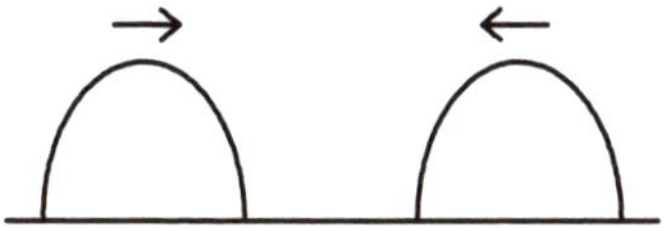

まず、左右からそれぞれの波が移動してきます。波の速さや波形が異なっていても構いません。

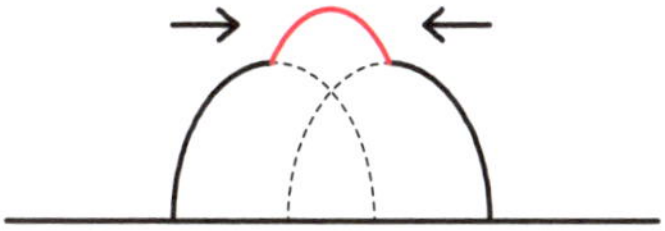

左右から移動してきた波がぶつかり合うと、ぶつかった点における波の高さは、それぞれの波の高さの和になります。そのため、図のように重なった部分は少し盛り上がった波形になります。

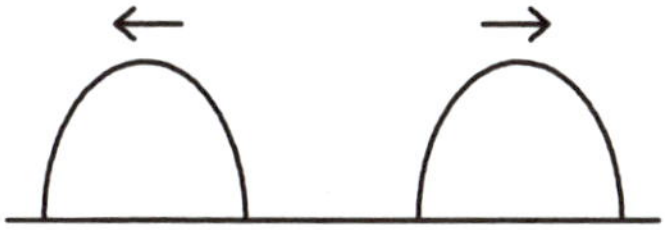

さらにそれぞれの波が移動すると、お互いもとの波形に戻り、最初と同じように進んでいきます。

KEYWORD

重ね合わせの原理……波同士がぶつかると、高さがそれぞれの高さの和となるような合成波ができる。

定在波ってどんな波ですか？

POINT
定在波の節と腹は波長の半分の間隔で現れる

その場で止まって見える不思議な波

速さ、振動数（周期）、波長、振幅が同じ二つの正弦波が左右からやってきてぶつかると、合成波はどうなるでしょうか。

時間を少しずつ進めながら合成波の様子をみると、その場で止まっているように見えることがわかります。このような波を定在波（定常波）といいます。定在波に対して、ある方向に時間とともに進んでいくような波のことを進行波といいます。

もとの二つの進行波は同じ形をしているので、右から来た波の山の部分と左から来た波の谷の部分が重なる瞬間があります。このとき、すべての点での変位がゼロになります。一方、二つの波の形がぴったり重なる瞬間もあり、この瞬間にはすべての点での変位が最大になります。このときの山と山（もしくは谷と谷）が重なっている部分を、定在波の「腹」といいます。腹の振幅は、重ね合わせの原理より、二つの波の振幅の和、すなわちもとの進行波の振幅の二倍になります。また、この定在波について、変位が常にゼロの部分を「節」といいます。腹と腹、節と節の間隔は、もとの進行波の波長の半分になっています。

定在波のできる条件はかなり厳しいですが、波の反射が起こるときには、この条件を簡単に満たすことができます。波が壁にぶつかって反射するとき、ぶつかる前の波を入射波、ぶつかったあとの波を反射波といいます。入射波と反射波は向きが変わるだけで形は変わりません。そのため、入射波と反射波の合成波は定在波になるのです。

お答えしましょう！

定在波はその場で止まっているように見える波のことで、形が同じで逆向きに進む進行波の合成波です。

■ 定在波の腹と節

定在波とは、2つの波が互いに反対方向に進みながら重なり合って生じる波で、特定の位置で振幅が変わらない波形が形成されます。これにより、波の特定の点（腹）で振幅が最大になり、他の点（節）で振幅がゼロになります。

①この状態では2つの波が重なり、振幅がどこでもゼロの状態の波形になります。

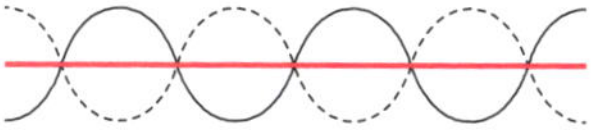

②少し時間が経つとこのような波形になり、振幅が大きくなっている点（腹）と、変わらずゼロになっている点（節）があります。

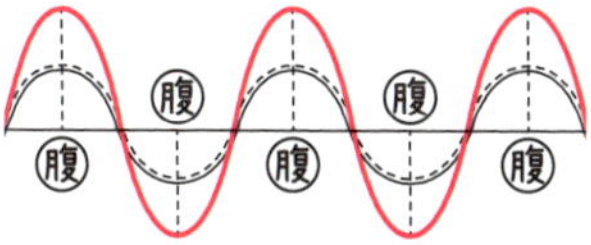

③さらに少し時間が経つと、1つ目と同じような波形になります。

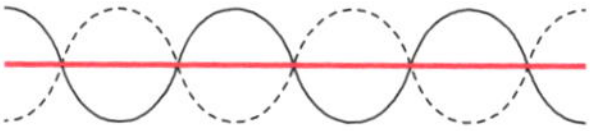

④このように、定在波は振幅が大きくなったりゼロの状態になったりを繰り返ししています。

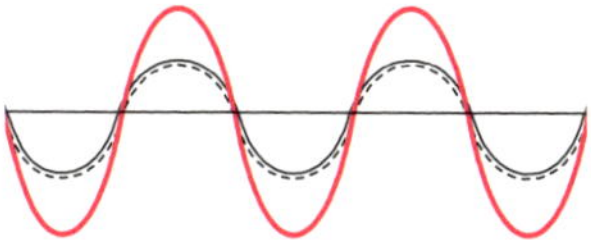

KEYWORD

腹と節……定在波で大きく振動している部分を腹といい、まったく振動していない部分を節という。

4 共振ってどんな現象なんですか？

POINT
固有振動数に合わせた振動が共振を引き起こす

物体はそれぞれ決まった振動数で振動する

物体はそれぞれ、振動しやすい固有の振動数をもっています。例えばメトロノームが一定のリズムを刻むことができるのは、おもりの位置ごとに、揺れやすい振動数が決まっているからです。これを固有振動数といい、固有振動数で物体が振動することを固有振動といいます。

止まっている物体に、その物体の固有振動数と同じ振動数の振動を与えると、その物体は振動を始めます。この現象を共振といいます。ブランコをこいでいるとき、うまく揺れに合わせて力を加えると、だんだんと揺れが大きくなっていくのがこの例です。これは、ブランコの固有振動数に合わせたリズムで力を加えることができたときに起こります。同じ振動数ならば、少しの力を加えるだけでも大きな振動を作り出すことができるというのが、共振の特徴です。

共振のうち、振動が音の場合を共鳴といいます。共鳴の有名な例として、音さの共鳴があります。音さとは、叩くと決まった音が出る金属製の器具のことです。音の高さは振動数によって決まるので、その音さの固有振動数の違いにより、異なる音を出すことができます。この音さについて、同じ固有振動数をもつ音さを二つ用意して、片方の音さだけを叩くと、叩いていないほうの音さも鳴るという現象が起こります。これは、片方の音さの固有振動が下の共鳴箱に伝わり、共鳴箱の中の空気の振動がもう一方の音さの共鳴箱に伝わることで、共鳴が起こっているのです。

お答えしましょう！

共振は物体がもつ固有振動数と同じ振動数の振動を与えると、物体は振動を始める現象のことです。

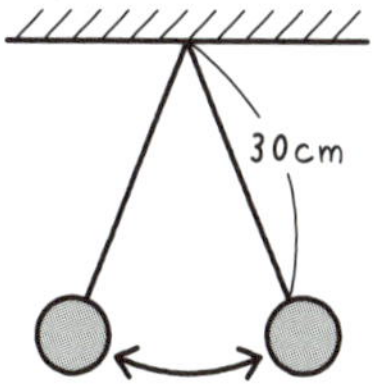

この振り子の場合、固有振動数は約0.705Hz

■ 固有振動数とは？

固有振動数は、物体の形状や材質、質量や構造などによって決まります。たとえば、振り子やギターの弦、音叉などはそれぞれ固有の振動数をもっており、外部から力を加えたときにその周波数で振動します。また、外部からの力が取り除かれてもその振動数で動き続けます。

■ 共振や共鳴が起こる条件

共振や共鳴が起こるためには、いくつかの特定の条件が必要です。

①固有振動数をもっていること
②同じタイプの振動であること
③外部からの振動数が、物体のもつ固有振動数と一致すること
④エネルギーの損失が小さいこと

これらの条件を満たしているとき、共振や共鳴を観測することができます。

条件②の例として、音さ（音の波）と振り子（物理的な揺れ）は振動のタイプが違うため、仮に同じ振動数を与えても基本的には共振しないのです。

KEYWORD

共振……物体が固有振動数で大きく振動する現象。

波動

5

音のうなりってどんなときに起こるんですか？

POINT

うなりの振動数は2つの音の振動数差で決まる

振動数のわずかなズレにより音の大きさが周期的に変わる

お寺の鐘の音が、ウォーンウォーン……と大きくなったり小さくなったりするのを聞いたことがあるでしょうか。このように、**複数の音が重なり合ったとき、周期的に強め合ったり弱め合ったりする現象を「うなり」といいます。** このうなりは、一体どのようなときに聞こえるのでしょうか。

2つの音さを用意して、同時に叩いて音を出すとします。このとき、2つの音の振動数がわずかに違っているときにうなりは起こり、ワーンワーンと、大きい音→小さい音→大きい音……のように繰り返して聞こえます。この大きい音→小さい音のセットを1回と数えたときに、1秒間にうなりが聞こえる回数のことをうなりの振動数、1回のうなりが起こるのにかかる時間のことをうなりの周期といいます。**うなりの振動数の求め方はシンプルで、もとの2つの音の振動数の差で求めることができます。** うなりは、2つの音の振動数の差が大きいときには起こりません。

うなりを利用したものに、弦楽器の機器を使わないチューニングがあります。基準となる音に合わせて楽器を鳴らしたとき、振動数がわずかにずれているとうなりが聞こえますが、目標の振動数に合ったときにはうなりが聞こえなくなります。このようにして、うなりが聞こえなくなる状態を探すことにより、機器を使わなくても楽器の音の高さを合わせることができるのです。

お答えしましょう!

振動数がわずかに異なる音どうしを重ね合わせると、うなりが起こります。

■ うなりが発生する理由

うなりは、異なる周波数をもつ2つの音波が重なり合ったときに発生します。周波数が少し異なる2つの音波が干渉すると、ある部分では波が強め合って音が大きくなり、また別の部分では波が打ち消し合い、音が小さくなります。この音の強弱が周期的に繰り返される現象がうなりなのです。

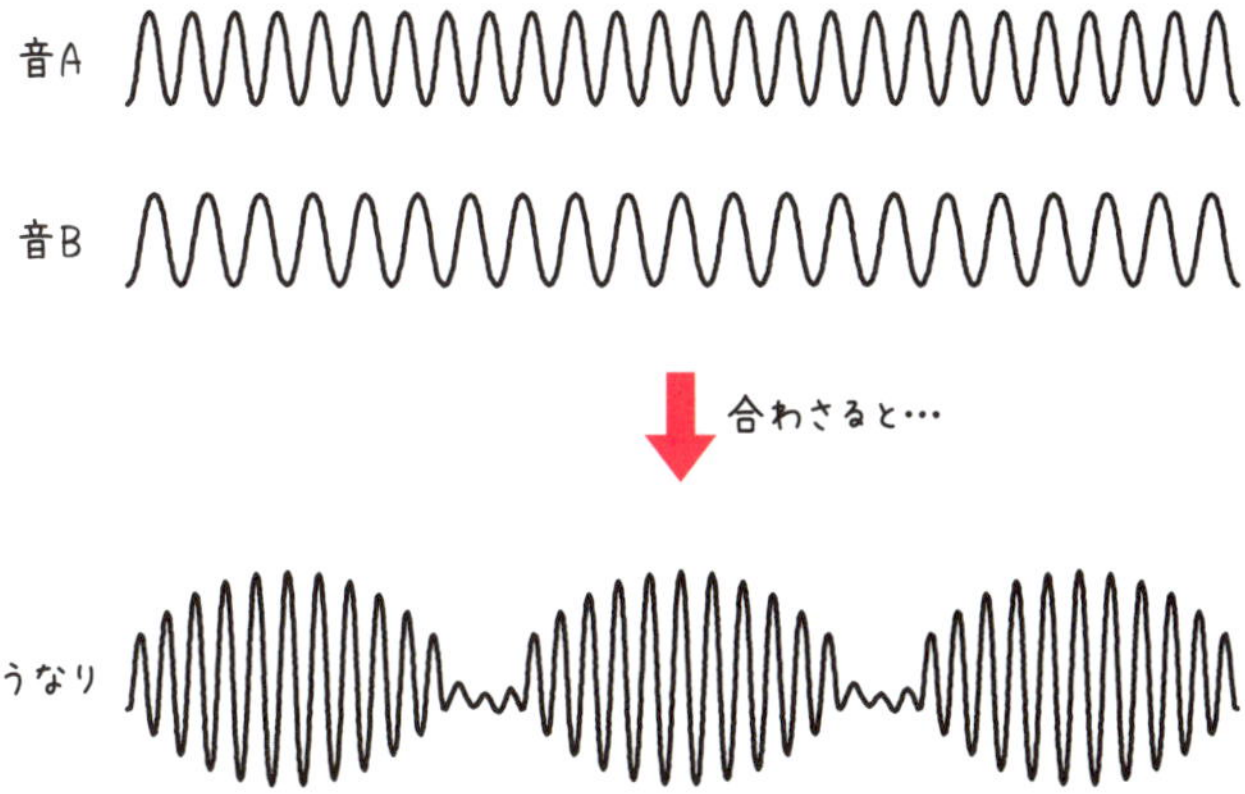

KEYWORD

うなりの振動数…… 2つの音の振動数の差で求められる。

波動

6

救急車の音が高くなったり低くなったりするのはなぜですか？

POINT
音源と観測者の相対移動で音の高さが変化する

ドップラー効果が起こるいろいろな状況

救急車が近づいてくるときには音が高く聞こえ、遠ざかるときには低く聞こえるという経験は、きっと誰もがあると思います。これは**ドップラー効果によるもので、音源と観測者がお互いに近づいたり遠ざかったりするときに起こる現象です。**

ドップラー効果が起こる仕組みは、音源が移動するときと、観測者が移動するときで異なります。

まず、音源が移動するときについて考えてみましょう。音は一度発生したらずっと音速で進み続けるため、音源が移動しているときも、音の速さは変わりません。しかし、音の発生源の位置が動くことで、音源が観測者に近づいてくるときには波長が縮み、遠ざかっていくときには波長が伸びることになります。その結果、**近づいてくるときには振動数が大きい音、つまり高い音が聞こえ、遠ざかっていくときには低い音が聞こえるようになります。**

では、観測者が移動するときはどうなるでしょうか。観測者が音源に向かって近づいていくとき、観測者の速度と音速の向きが逆向きなので、音の相対速度が大きくなります。逆に、遠ざかっていくときには相対速度が小さくなります。その結果、近づいていくときには振動数の大きい高い音が、遠ざかっていくときには振動数の小さい低い音として聞こえるのです。

このドップラー効果は、医療にも応用されています。たとえば超音波を用いることで、体内に侵襲することなく、血液の流れを調べることができます。

お答えしましょう！

音源と観測者の距離間が変わることで起こる、ドップラー効果によるものです。

■ 音の高さはどれくらい変わる？

音を出す音源が移動していて、それを止まって観測する人がいる状況を仮定します。 そのときのそれぞれの条件は次の通りです。

- **音源の周波数を440Hz**
- **音源の移動速度を20m/s**
- **音速を340m/s**

このとき、次の状況で観測者に聞こえる音の周波数を求めます。

①音源が観測者に近づく

$$\text{観測者に聞こえる周波数} = \frac{340}{340-20} \times 440 \fallingdotseq 468\text{Hz}$$

②音源が観測者から離れる

$$\text{観測者に聞こえる周波数} = \frac{340}{340+20} \times 440 \fallingdotseq 416\text{Hz}$$

KEYWORD

ドップラー効果……音の聞こえ方には次のような特徴があります。

- 音源が近づくとき→高い音
- 音源が遠ざかるとき→低い音
- 観測者が近づくとき→高い音
- 観測者が遠ざかるとき→低い音

2次元や3次元では波はどのように進むんですか？

POINT

平面上の波は直線とは異なる進み方をする

小さな波の集合から次の波が生まれる

ここまでは、おもに直線上を進む波について考えてきました。ここでは平面上や空間内を進む波について考えてみます。例えば、L字型の物体を水面に落としたとします。このとき水面に発生した波は、L字型を保ったまま一方向へ進むでしょうか？　直線上を進む波は、前か後ろのどちらかにしか進めませんが、平面上や空間内を進む波の進み方は、直線の場合とは少し異なります。このことを説明するのが、ホイヘンスの原理です。

平面上や空間内を進む波では、媒質の各点がそれぞれ振動して、全体として波をつくっています。このとき、山となっている点どうしのように、同じタイミング（位相といいます）で振動している点どうしを結んだ線や面を、波面と呼びます。この波面が平面のものを平面波、同心円状のものを球面波といいます。**ホイヘンスの原理とは、「ある瞬間において、波面の各点からそれぞれ球面波が発生すると考えると、それらの球面波に共通して接する面が新しい波面となり、波が進んでいく」という原理です。**このときに導入する、波面の各点から発生する球面波のことを、素元波といいます。この原理に基づけば、平面波の新しい波面は平面に、球面波の新しい波面は球面（同心円状）になることが説明できます。実は、このホイヘンスの原理を用いると、この後に登場する波の様々な性質を、統一的に説明することができるのです。

お答えしましょう!

平面上や空間内の波の進み方は、ホイヘンスの原理に基づいて説明することができます。

■ 平面波と球面波

平面波は波面が平らで平行な直線として伝わる波であり、球面波は波源から放射状に広がる波です。 平面波のエネルギーの密度は、波が進んでもほぼ一定で変わりませんが、球面波のエネルギーの密度は、波が進むにつれてエネルギー密度が減少します。 音波や光が点状の波源から発生する場合、球面波として伝わることが多いです。

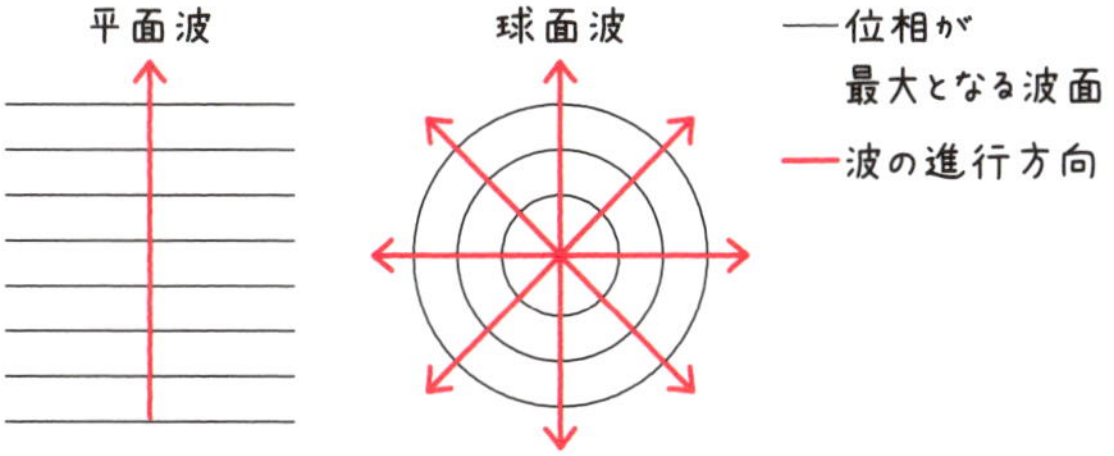

平面波の例は「海岸で打ち寄せる波」や「光ファイバー内を伝わる光」などがあり、球面波の例は「水面に落ちた石が作る放射状の波」や「花火の爆発音」などがあります。

KEYWORD

ホイヘンスの原理……波面の各点から発生する素元波に共通して接する面が新しい波面となり、波が進んでいくという考え方。

波動
8
ドアを閉めていても外の音が聞こえるのはなぜですか？

POINT
音は波であり、障害物を回り込む

回り込んで届く音の伝わり方

「部屋のドアはばっちり閉めた。さぁ静かに読書でも…」と思ったそのとき、外からテレビの音や階段をドタドタと降りていく音が聞こえてくることがありますよね。ドアは閉まっているのに外の音が聞こえてくるのは、一体どうしてでしょうか。

これには波の回折が関係しています。音も波の一種であることは前に扱ったかと思います。音は空気中や固体中を伝わって私たちの耳へと届きます。ここで、回折について説明します。**回折とは、波が障害物の背後に回り込む現象のことを指します。**例えば、屋外で人に背を向けて話していても、背中側にいる人にも話し声が伝わります。スピーカーの後ろにパーテーションなどを立て、その後ろにいたとしても音は聞こえてきます。このように、障害物があっても回り込んで音が伝わってくることを回折といいます。

では、ドア越しに音が伝わってくることと回折はどう関係しているのでしょうか。音はドアをすり抜けて伝わっているわけではありません。室内のドアはよく見ると少なからず隙間が空いているかと思います。これは設計する上で密封状態にならないためなのですが、**ドアにぶつかった外からの音は、この小さな隙間から回り込んで室内に伝わってきているのです。**

ところで、ここまでの話を踏まえると防音室や遮音カーテンなどの仕組みが気になってきませんか。身近に潜む物理を探してみるのも楽しいかもしれません。

お答えしましょう！

回折によってドアを回り込んで室内に音が伝わるためです。

■回折の原理

回折の原理は、波が障害物やスリットを通過する際に、その進行方向が変化する現象です。特に、音波や光波などの波動がスリットや隙間を通過する際に顕著に現れます。

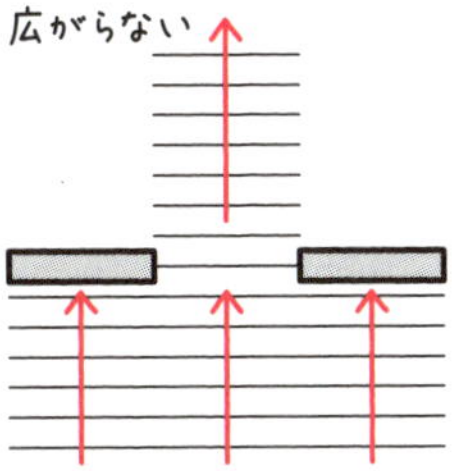

隙間が波長に対して十分大きい場合、波はほとんど直進します。このとき、回折の効果は小さく、波がスリット（すき間）を通過した後の波は比較的平坦です。

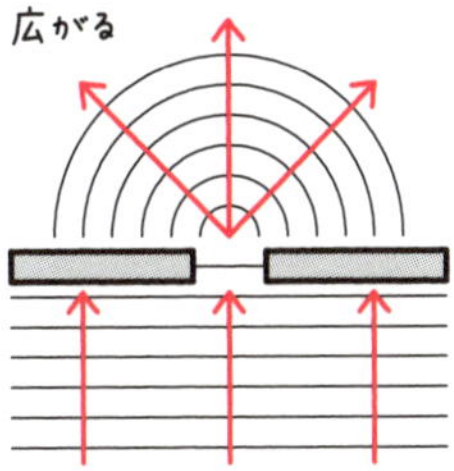

一方、隙間が波長に近いかそれよりも小さい場合、波は顕著に回折します。この場合、スリットを通過した波は大きく広がり、波の進行方向が大きく変わります。

KEYWORD

回折……波が障害物の背後に回り込む現象。

波動

9

逆さ富士はどうして見えるんですか？

POINT

水中の物体は空気中で見るよりも短く見える

光の特徴である反射と屈折

日本が誇る絶景の一つである山中湖に映る見事な逆さ富士。改めて考えると、水なのにどうして鏡のようになるのだろうと不思議に思うかもしれません。なぜ水は物体をきれいに映すのでしょうか。これには光の反射が関係しています。

光が何かにぶつかるときは、入射角と反射角が必ず同じになって反射します。このような鏡の様な反射の様子を鏡面反射といいます。鏡に映った自分が歪むことなく見えているのも鏡面反射が起こっているためです。一方、表面がザラザラの物体では光がバラバラの方向に反射されます。これを乱反射といいます。つまり、逆さ富士が見られるのは山中湖の水面が穏やかで大きく波立つことなく滑らかであるためです。

ところで、プールやお風呂などで水に浸かっていると足の長さが変わって見えることがあると思います。光には直進する性質がありますが、実は曲がる光を見ることもできます。水を入れた水槽に光を斜めから入れてみましょう。斜めから入った光は空気と水の境目で曲がります。**光は異なる物質に入射するときに曲がる性質があり、これを光の屈折といいます。**これは、異なる物質中で光の進むスピードが違う（屈折率の違い）ために起こります。人間の脳は光が直進していると仮定して物体を認識するので、脳と実際の位置との間にズレが生じ、水中にある自分の手が短く見えてしまうというわけです。

お答えしましょう！

水の表面がツルツルしており、そこで光の反射が起こっているためです。

■ 光の反射と屈折

光の反射と屈折は、光が異なる媒質の境界に達したときに起こる重要な現象です。 光が表面に当たると、反射が起こります。 反射の法則より、入射角と反射角は等しくなります。 また、光が異なる媒質（例：空気から水）に入ると、屈折が発生します。 屈折は、入射角と屈折角の間には媒質の屈折率が関係します。

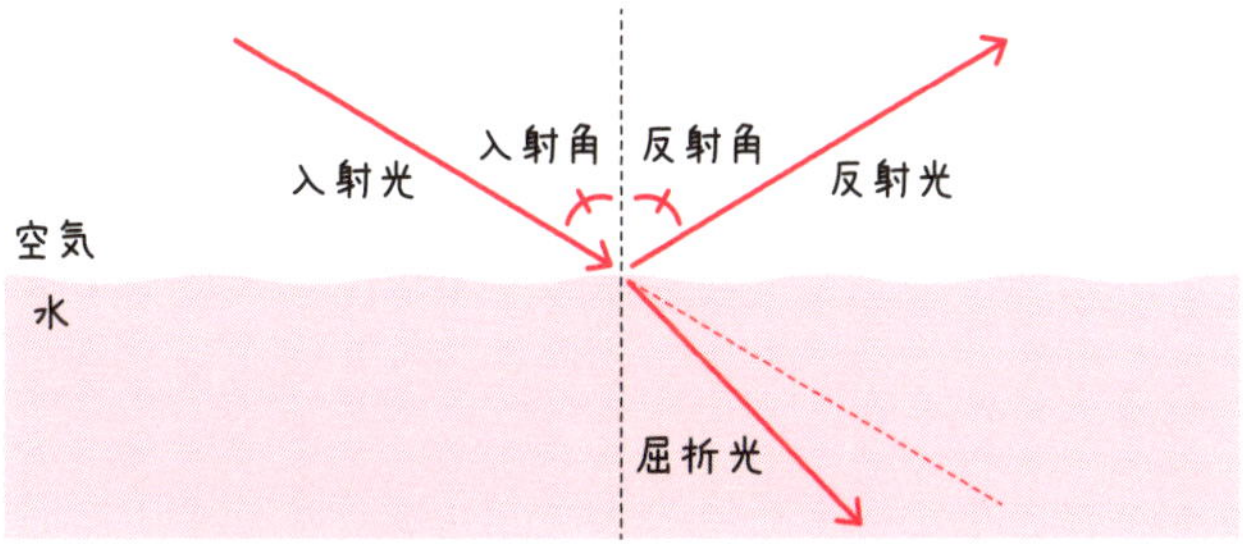

一般的に、光の進む速さは水中よりも空気中の方が速いので図のような角度に曲がります。また、水中から空気中に向けて光を出した場合、ある角度を超えると全反射が起こります。

KEYWORD

光の反射と屈折……光は物体にぶつかると、一部は反射し、一部は屈折して進む。

シャボン玉はどうして虹色に見えるんですか？

POINT

光の波長と大きさが色を決定する要因

膜の薄さと光の干渉による芸術性

ぷかぷかと浮かぶ虹色のシャボン玉。おそらく一度は遊んだことがあるのではないでしょうか。ところで、どうしてシャボン玉が虹色に見えるのかを知っていますか？ 石鹸水には色がついていないのに、膨らましたとたん色づいて見えるのは不思議ですよね。これには光の干渉が大きく関わっています。

光には二つ重要な要素があります。それは、波の大きさと波長です。**ふだん私たちが視覚から感じる光の明るさは波の大きさによって決まり、その色は波長によって決定づけられています。**

さて、今回のキーワードである光の干渉について説明します。シャボン膜の厚みは10万分の数センチであり非常に薄いのですが、光をあてると膜の表側と裏側で二つの光が反射していることがわかります。そしてこの二つの光の重なりが私たちの目に飛び込んできます。これら二つの光は波長をつくり、強めあったり弱めあったりしながら進んできます。例えば、**青い波長が強め合えば青色に見え、逆に弱めあうと青色が見えなくなります。**この現象を「光の干渉」といいます。シャボン玉の膜の厚さは場所によって少しバラつきがあるので、赤色が強く見える部分もあれば、青色が強く見える部分もあります。また、固有の色がないものが光の波長サイズの微小構造によって発色する現象を「構造色」といいます。

このように、場所によって見える色が異なるので、様々な色が混ざる虹色に見えるのです。

お答えしましょう!

シャボン膜の裏表で各光が反射し干渉しているためです。

■ 可視光の波長

可視光は、私たちの目に見える光の範囲を指し、波長はおおよそ380 nm（ナノメートル）から780 nmの間にあります。可視光は波長によって異なる色をもっていて、波長が短いほど紫色に近づき、紫色、青色、緑色、黄色、橙色、赤色の順に長くなっていきます。これにより、可視光は虹のようにさまざまな色を形成しているのです。

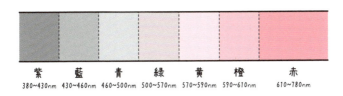

紫	藍	青	緑	黄	橙	赤
380〜430nm	430〜460nm	460〜500nm	500〜570nm	570〜590nm	590〜610nm	610〜780nm

■ 薄膜での干渉

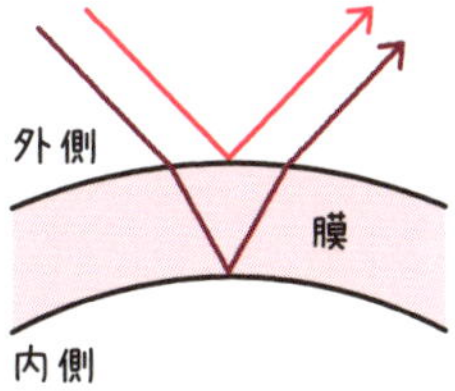

薄膜干渉は、光が薄膜の上面と下面で反射することにより発生します。 膜の厚さが波長に対して比較的小さい場合、反射した光の位相差が生じ、これにより強め合う干渉や弱め合う干渉が起こります。 具体的には、膜の厚さや光の波長に応じて、特定の色が強調されたり消えたりします。 そのため、シャボン玉などはカラフルに見えるのです。

KEYWORD

光の干渉…… 重なった光波が強め合ったり弱め合ったりする現象。

波動

11

なぜ眼鏡をかけると、モノがよく見えるのですか？

POINT

レンズの形状が視力に影響を与える

ピントを合わせるレンズの仕組み

日々の生活を送るうえで、私たちは多くの情報を目（視覚）から得ています。どうして視力が低くても眼鏡をかけるとよく見えるのか、きちんと説明できる人は多くないかもしれません。これにはレンズの存在が大きく関わっています。

レンズには代表的なものとして凸レンズと凹レンズがあります。凸レンズは名前の通り外側に膨らんだような形をしたレンズで、光を集めるのに使われます。一方、凹レンズは縁より中央が薄くなっているレンズで、光を広げる効果があります。望遠鏡は凸レンズや凹レンズを組み合わせてつくられています。

私たちがモノを見るときには、目の中にある水晶体が凸レンズの役割を果たしており、自動的に厚みを調整することで、光を上手く網膜に集めています。ところが近視や遠視になってしまうと、うまく網膜上に光を集めることができずに、ぼやけて見えてしまいます。

近視になると、近くのモノは見える一方で、遠くのモノがぼやけてしまいます。**近視は網膜より手前で光が集まっている状態を指します。**凹レンズを使うことで光を一度広げ、水晶体を通った後に網膜上に光が集まるようにします。

遠視は近視のときと逆で、網膜より後ろに光が集まっている状態を指します。凸レンズを使うことで光を集め、水晶体を通った後に網膜上にうまく映るようにします。自分が使っている眼鏡のレンズを観察してみると面白いかもしれませんね。

お答えしましょう!

レンズが網膜上にうまく光が集まるように助けているからです。

■ 凸レンズ

凸レンズは、中央が厚く端が薄い形状をしたレンズで、光を集める性質があります。 おもに光を屈折させることで、物体の像をつくります。 凸レンズを通過する平行光線は、レンズの中央部分で屈折し、焦点に集まります。 光が焦点に集まる特性により、凸レンズは拡大や集光の用途に利用されます。

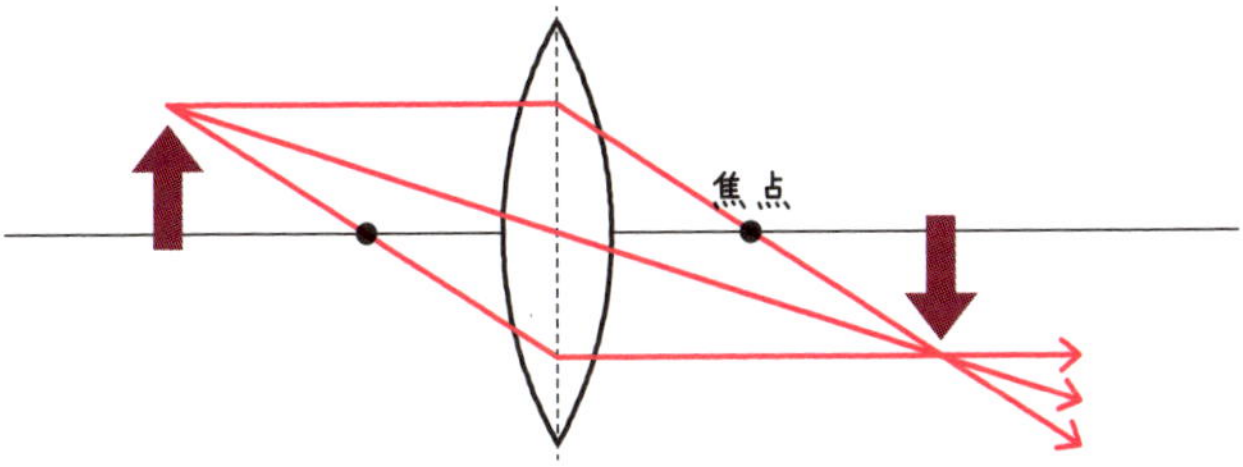

■ 凹レンズ

凹レンズは、中央が薄く端が厚い形状をしたレンズで、光を広げる性質があります。 凹レンズを通過する平行光線は、レンズを通過する際に外側へ屈折し、まるで焦点がレンズの前方にあるかのように見えます。凹レンズは、主に視力矯正や光学機器に利用され、特に近視の矯正用眼鏡などに使用されます。

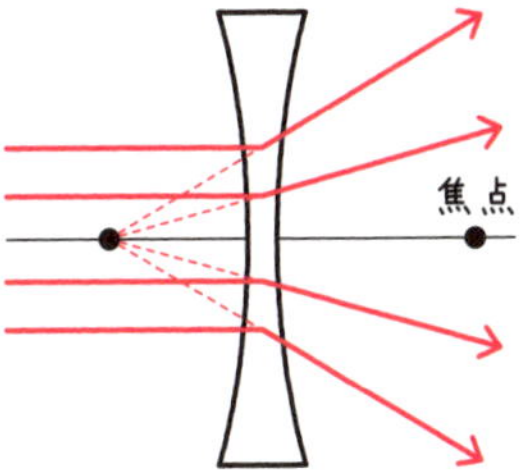

KEYWORD

凸レンズと凹レンズ……凸レンズは外側に膨らんだような形をしたレンズで、凹レンズは縁より中央が薄くなっているレンズである。

波動

12

昼間と夕方で空の色が違うのはなぜですか？

POINT

太陽光は色の異なる光で構成されている

空の色を変える光の散乱

これまでの人生で「空ってなんで青いんだろう？」や「なんで夕方だと空はオレンジになるの？」と不思議に思ったことが一度はあるのではないでしょうか。今回は空の色の不思議に迫ります。

太陽光は、白色光というさまざまな色を含んだ光で構成されていて、色によって屈折のしやすさが異なります。より詳しく調べると、光は、太陽や電灯などの光源から周囲へ伝わっていく波の一種であることがわかります。光の色は、光の波長によって決まり、赤色の光は波長が長く、青色の光は短いことがわかっています。**波長の短い光（青色に近い光）は空気中の窒素や酸素などの分子によって散らばりやすく、あちこちへ広がっていきます。**この現象を散乱といい、波長が短いほどよく散乱します。つまり、昼間に空が青く見えるのは、波長の短い青色の光が、波長の長い赤色の光に比べてよく散乱しているからです。

では、昼間は青く見える空が明け方や夕方で赤く見えるのはなぜでしょうか。これは太陽光が地球にさしこむ光の道筋に関係しています。明け方や夕方は地球から見て太陽が地平線近くの低い位置にあり、太陽光が地球の大気層を通って地上に届くまでの距離が長くなります。**この間に青い光の大半が散乱されてしまい、散乱しにくい赤色や橙色などの光が多く残ります。**これによって、私たちの目には空が赤く見えているというわけです。

お答えしましょう！

光の波長によって散乱されやすさが異なるためです。

■ 白色光の分散

白色光は、赤、橙、黄、緑、青、藍、紫の七色から構成されていて、光が異なる媒質を通過する際に、波長ごとに異なる屈折率をもつことによって分散が起こります。この結果、白色光はプリズムを通過する際にスペクトルとして分かれ、虹のような色の帯がつくられるのです。

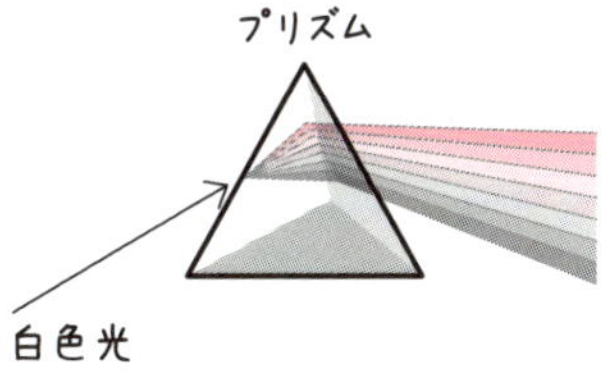

■ 光の散乱

光の散乱は、光が微小な粒子や分子に当たることで進行方向が変わる現象です。散乱にはいくつかの種類がありますが、最も一般的なのはレイリー散乱とミー散乱です。レイリー散乱は、大気中の分子による散乱で、波長が短い青色光が長い赤色光よりも強く散乱されます。これが、昼間の空が青く見える理由です。一方、ミー散乱は、粒子のサイズが光の波長に近い場合に起こり、雲や霧が白く見える原因となります。

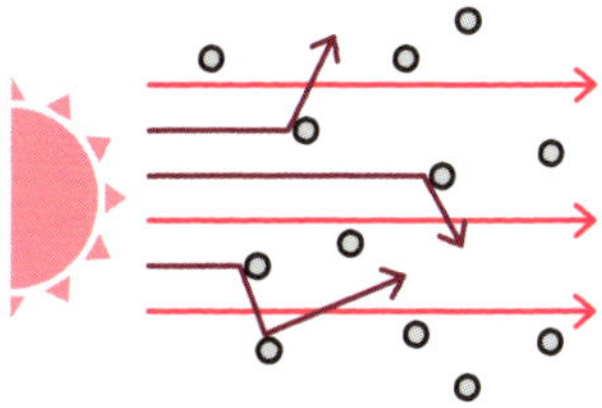

KEYWORD

光の散乱……波長の短い光は空気中で散らばりやすく、あちこちへ広がっていく。

波動

13 どうして暗くてもスマホは顔認証できるのですか？

POINT

赤外線技術が身近な生活を支えている

目に見えない赤外線の利用

カメラが起動しているわけでもなく、暗い中でもスマートフォンで顔認証をすることができます。いったいなぜでしょうか。これを知るためにはまず、赤外線について理解することが重要です。

太陽や白色電灯の光にはさまざまな性質の光が混ざっています。これを実感できる身近な例の一つに虹があります。赤や橙、青などの違いは光の波長によって決まります。人間の目で見える光である可視光のほかに、目に見えない光も存在しています。特に、**虹の赤より波長が長い光を、赤を超えて外にあることから赤外線といいます**。

さて、顔認証の仕組みの話に戻りましょう。結論からいうと、**顔認証の際にはスマートフォンから無数にフラッシュがたかれており、暗闇でもスマートフォンからはしっかりと顔が認識されています**。これを聞くと、「フラッシュなんて嘘だ、眩しくないじゃないか！」と思う人がいるかもしれません。そう思うのも無理もありませんが、実は、**顔認証の際のフラッシュは赤外線なので、人間の目には見えていないのです**。

このように赤外線を利用したものは、身近にたくさんあります。例えば、テレビやエアコンのリモコンは赤外線信号を発して操作を行っています。また、温度を色で可視化するサーモグラフィカメラも赤外線を利用しています。見えないところで活躍している赤外線が、なんだか格好良く思えてきますね。

お答えしましょう!

赤外線によるフラッシュをたいて顔を認識しています。

■ 目には見えない赤外線

赤外線は、さまざまな分野で広く利用されています。例えば顔認証です。多くの顔認証システムはカメラに赤外線センサーを搭載しており、赤外線を利用して顔の特徴を捉えます。赤外線は人間の目には見えませんが、物体に当たると反射し、センサーがその反射光を感知することができます。また、リモコンや通信機器では、赤外線を使った非接触型のデータ送信が行われています。

その他、医療分野でも使用されています。赤外光を利用して脳機能を計測する装置があったり、温度を測定するために赤外線を使い、夜間や視界が悪い状況でも対象物の温度分布を可視化できたりします。

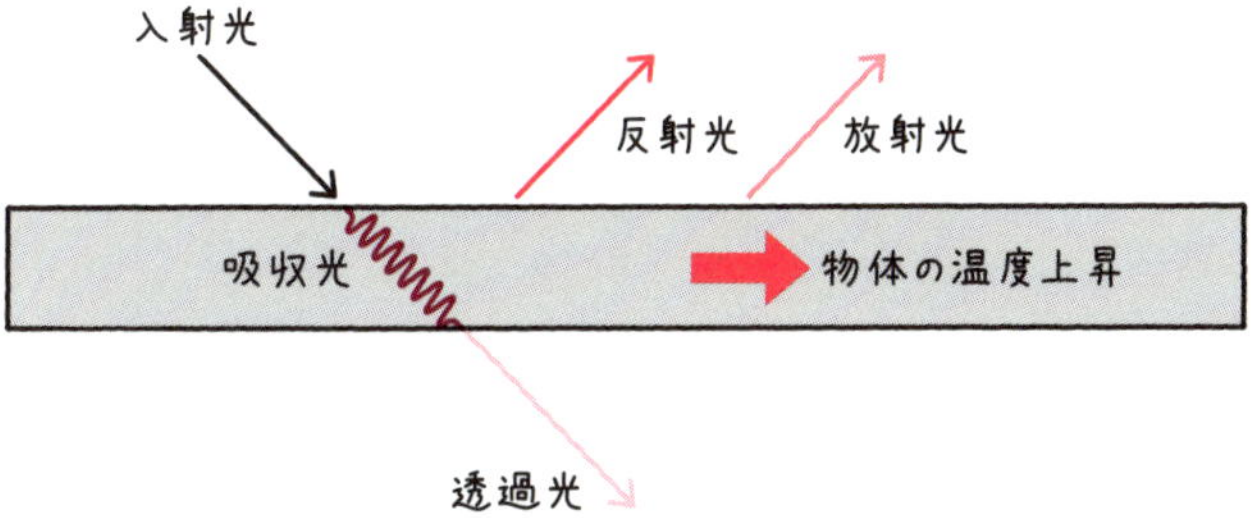

KEYWORD

赤外線……赤色よりも波長の長く、人間の目には見えない光。物体を温めるはたらきもある。

波動

14

なぜ紫外線対策をしなければならないのですか？

POINT

紫外線は波長の短い光で、注意が必要である

大きなエネルギーをもつ紫外線

夏になると特に「紫外線に注意しよう」という意識が高まりますね。今回は、紫色の光より波長の短い紫外線について扱います。英語では「超」「紫」「光線」という単語の組み合わせから、Ultra Violet Rayを略して「UV」と呼びます。これは日焼け止めなどにも表示されているので見慣れているかと思います。ところで、どうして私達は紫外線に注意しなければならないのでしょうか？

太陽光は生物が生きていく上で欠かせないものですが、一方で大量に太陽光線を浴びると体に悪影響を及ぼします。その悪影響の原因の主たるものが紫外線です。**紫外線は他の波長の光に比べて大きなエネルギーをもっている**ので、長期的に浴びることで、肌や目にダメージを与えるだけでなく、皮膚がんの原因になることもあります。そのため、私達は紫外線から体を守る必要があるのです。では、紫外線から私達の体を守ってくれるものにはどのようなものがあるでしょうか？

一つ目は、地球を覆っているオゾン層です。**有害な紫外線の多くはオゾン層で吸収され地表には届かなくなっています。**

二つ目は、皮膚です。日焼けによって肌が黒くなるのは皮膚の中にメラニンという色素ができるためで、紫外線が体内に届かないように吸収しています。

オゾン層や皮膚によるバリアだけでなく、日傘や帽子、サングラスや日焼け止めなどを適切に使用することで、太陽光と上手く付き合っていきましょう。

お答えしましょう！

紫外線は長時間浴びることで皮膚や目にダメージを与えるからです。

■ 紫外線の種類

紫外線（UV）は、波長が約10ナノメートルから400ナノメートルの範囲にある電磁波で、おもに太陽から放出されます。紫外線は可視光線よりも短い波長をもち、波長に応じて主にUV-A、UV-B、UV-Cの3つに分類されます。

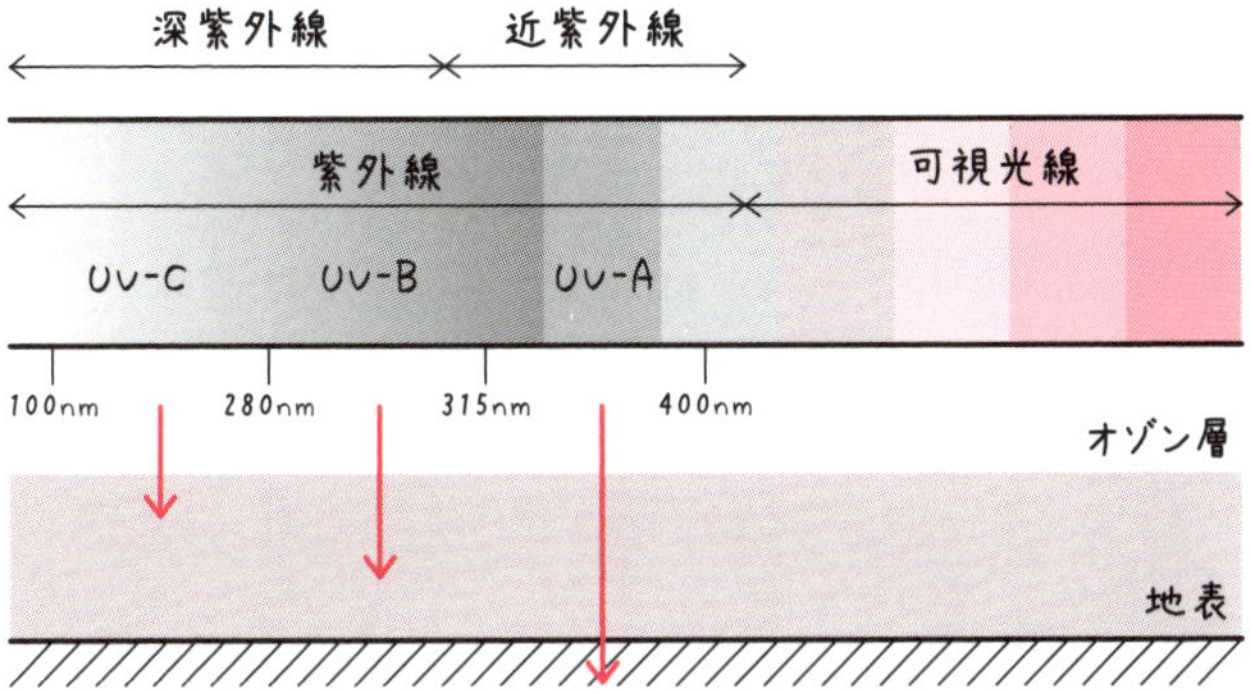

- **UV-A** …… 可視光に最も近い紫外線で、窓ガラスも通過するほど透過率が高い。肌の深くまで届いてしまうため、しわの原因になりやすい。
- **UV-B** …… UV-Aの次に波長の長い紫外線。窓ガラスで遮断できる程度ではあるものの、肌の浅いところに作用し、日焼けの原因となりやすい。
- **UV-C** …… 最も波長の短い紫外線。オゾン層でカットされるため、地表にはほぼ届かない。

KEYWORD

紫外線 …… 紫色よりも波長の短く、人間の目には見えない光。

波の基本式……72ページ
波の伝わる速さは、波の振動数と波長の積で求められる。

重ね合わせの原理……74ページ
波同士がぶつかると、高さがそれぞれの高さの和となるような合成波ができる。

腹と節……76ページ
定在波で大きく振動している部分を腹といい、まったく振動していない部分を節という。

共振……78ページ
物体が固有振動数で大きく振動する現象。

うなりの振動数……80ページ
二つの音の振動数の差で求められる。

ドップラー効果……82ページ
音源が観測者に近づくときには高い音、音源が観測者から遠ざかるときには低い音、観測者が音源に近づくときには高い音、観測者が音源から遠ざかるときには低い音になる。

ホイヘンスの原理……84ページ
波面の各点から発生する素元波に共通して接する面が新しい波面となり、波が進んでいくという考え方。

回折……86ページ
波が障害物の背後に回り込む現象。

光の反射と屈折……88ページ
光は物体にぶつかると、一部は反射し、一部は屈折して進む。

光の干渉……90ページ
重なった光波が強め合ったり弱め合ったりする現象。

凸レンズ……92ページ
凸レンズは外側に膨らんだような形をしたレンズである。

凹レンズ……92ページ
凹レンズは縁より中央が薄くなっているレンズである。

光の散乱……94ページ
波長の短い光は空気中で散らばりやすく、あちこちへ広がっていく。

赤外線……96ページ
赤色よりも波長の長く、人間の目には見えない光。物体を温めるはたらきもある。

紫外線……98ページ
紫色よりも波長の短く、人間の目には見えない光。

第 4 章

電気と磁気の関係を解き明かす「電磁気」

電磁気は、電気と磁気の相互作用を扱う分野です。基本的な概念にはクーロンの法則やオームの法則などが含まれ、これらの理論は、現代の電子機器や通信技術に深く関与しています。そのため、この分野を理解することは、未来の最新技術を理解する手助けになるでしょう。

電磁気

1

静電気はどうやって起こるんですか？

POINT

プラスとマイナスの電気のバランスが静電気を生む

静電気発生の秘密は原子にある

物質同士をこすり合わせると静電気が発生します。こすったプラスチックの下敷きに髪の毛が引きつけられるのは、静電気が原因です。静電気が発生する秘密は原子にあります。

私たちのまわりにある物質は、すべて原子からできています。電気にはプラス（正）とマイナス（負）の2種類の電気があります。この電気のプラスとマイナスを極性といいます。

原子は、中心にあるプラスの電気をもった原子核と、そのまわりのマイナスの電気をもった電子からできています。

物質はふつう、プラスの電気とマイナスの電気を同じ数だけもっていて、プラスマイナスゼロになっています。

しかし2種類の物質をこすり合わせると、より電子が移動しやすい物質から、より電子が移動しにくい物質へと、物質の表面近くにあった電子が移動していきます。

するとプラスマイナスゼロだった物質の電気のバランスが崩れて、電子を得た物質はマイナスの電気が多くなり、マイナスの電気を帯びた状態になります。一方、電子を失った物質はプラスの電気を帯びます。

このプラスやマイナスの電気を帯びていることを帯電といいます。

帯電した物質同士が近づくとプラスとプラス、マイナスとマイナスなど、同じ極性の静電気は反発し合い、違う極性の電気は引き付け合う力がはたらきます。この力を静電気力（クーロン力）といいます。

お答えしましょう!

2種類の物質をこすり合わせると、物質の電子が移動して静電気が発生します。

■ 静電気の原理

物質同士の接触や摩擦によって電子（マイナスの電荷）が移動すると、電荷が不均等に分布し、静電気が発生します。例えば下敷きで髪の毛をこすると、下敷きにあった電子が髪の毛に移動します。すると、下敷きはマイナスの電荷を失うため、全体でプラスの電荷をもつようになります。一方髪の毛は、下敷きから電子を受け取るため、全体でマイナスの電荷をもつようになります。このように、一方がプラス、もう一方がマイナスの電荷をもつようになるため、お互い引きつけあってくっつくようになるのです。

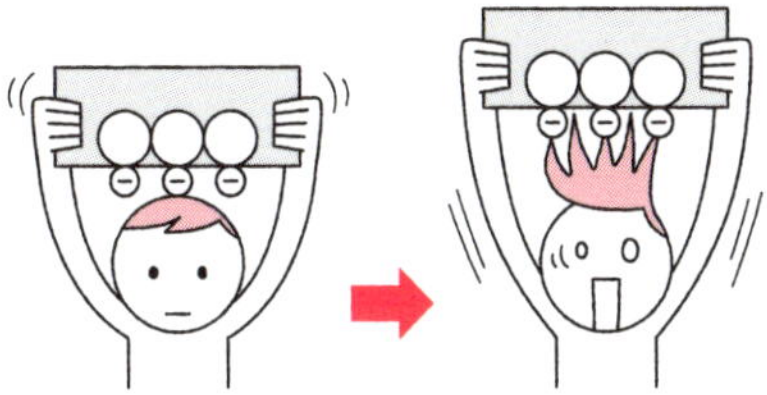
くっつけて
離す

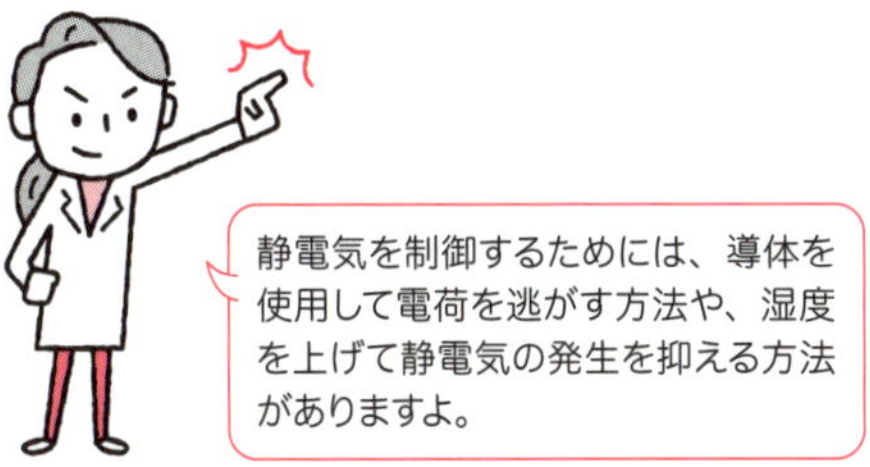
静電気を制御するためには、導体を使用して電荷を逃がす方法や、湿度を上げて静電気の発生を抑える方法がありますよ。

KEYWORD

電子……原子核の周りに分布し、原子を構成している素粒子。マイナスの電荷をもっている。

電磁気

2

電気を通しやすい物質と通しにくい物質の違いは何ですか？

POINT

電子の動きが導体と不導体を分けている

物質には導体と不導体がある

物質には、金属のように電気を通しやすいものと、プラスチックやゴムなどのように通しにくいものがあります。

電気をよく通す物質を導体といい、電気を通しにくい物質を不導体（絶縁体）といいます。

導体と不導体の違いは、原子核が電子を引きつける力が、強いか弱いかです。

金属など導体の原子核は、電子を引きつける力が弱く、導体の内部を自由に動き回れる電子があります。このような電子を自由電子といいます。

電子はマイナスの電気（電荷）をもっています。導体に帯電した物質を近づけると、導体の中の自由電子が、静電気力を受けて移動します。

そのため帯電体に近い側では帯電体と異符号の電荷を帯びて引きつけ合い、逆に帯電体に遠い側では、帯電体と同符号の電荷を帯びます。

このように**導体に帯電体を近づけると、導体の中の電荷に偏りが生まれる現象を静電誘導といいます。**

また不導体に帯電体を近づけると、不導体の中の電子が静電気力を受けます。しかし、不導体の中にある電子は自由電子ではないため、原子の外に出ることはできません。

そのため、不導体の原子の帯電体に近い側では帯電体と異符号の電荷を帯び、遠い側では帯電体と同符号の電荷を帯びます。

このように不導体に帯電体を近づけると、不導体全体の原子の電荷に偏りが現れる現象を誘電分極といいます。

お答えしましょう!

導体と不導体の違いは、原子核が電子を引きつける力が強いか弱いかです。

■ 導体

導体は、金属のような電気を容易に通す材料のものです。導体の特徴は、自由電子が豊富に存在し、これらの電子が電場の影響を受けて自由に移動できることです。つまり自由電子は、浮気性の電子というイメージをするとわかりやすいでしょう。

■ 不導体(絶縁体)

絶縁体は、ゴムやプラスチックのような電気をほとんど通さない材料で、電流の流れを阻止する特性をもっています。一般的に、絶縁体は自由電子が非常に少なく、電子の移動が難しいため、電気抵抗が非常に高いです。

KEYWORD

静電誘導……自由電子が移動することによって、導体の電荷に偏りが生まれる現象のこと。

電磁気 3

電子機器に使用されている半導体ってどんなものですか？

POINT

半導体は条件によって導体や不導体に変わる

半導体と導体、不導体の違い

物質には、電子をよく通す導体、電子を通しにくい不導体（絶縁体）と、条件によって電子を通す導体と不導体の中間の性質をもつ半導体の3つがあります。

物質が電気を通すか通さないかの違いは、電子が移動できるかできないかです。

銅、アルミニウム、鉄などの導体は、電子が簡単に移動できるため、電気をよく通します。

半導体は普段は不導体ですが、温度が上昇したときや不純物を添加したときに導体となる物質です。半導体は、電気を通したり、通さなかったりといった制御ができるので、パソコン、テレビ、スマホ、デジカメ、LEDなど、身の回りのさまざまな電気製品に使われています。

半導体は、構造と特性によってn型半導体とp型半導体に分けられます。

半導体の代表的なものはシリコン（ケイ素）です。シリコンはほぼ不導体ですが、不純物を加えることで原子核のいちばん外側の電子が余ったり不足したりします。

電子を余計にもったリンなどをシリコンに加えると電子が余り、自由電子となって電気を運びます。このように電子を余計にもった不純物が含まれる半導体をn型半導体といいます。

一方、p型半導体は、電子が少ないホウ素などの不純物が入った半導体で、電子が不足している穴が次々とシリコンの電子を引き込みます。電子が不足した穴をホール（正孔）といい、電気を運びます。

お答えしましょう!

温度が上がったり、不純物を添加したときに導体となる物質を半導体といいます。

■ 半導体のつくり

半導体の特性を理解するためには、価電子帯と伝導帯および禁制帯を知ることが重要です。

・価電子帯
化学結合に関与する電子が存在するエネルギー帯で、通常、電子が満たされています。 価電子帯の電子は、物質の化学的性質を決定します。

・伝導帯
価電子帯よりも高いエネルギーをもつ帯で、ここに電子が存在すると、電気を流すことができます。 伝導帯は、空もしくは非常に少数の電子が存在します。

・禁制帯(バンドギャップ)
外部から熱や光などのエネルギーを加えることで、電子が価電子帯から伝導帯に遷移し、導電性をもつことができます。

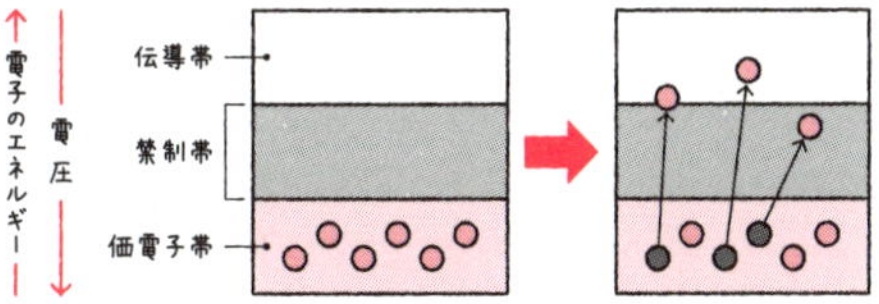

KEYWORD

LED(発光ダイオード)……p型とn型の2種類の半導体を接合した半導体素子。電圧が素子を通ると光エネルギーを発する。

電磁気

4

クーロン力ってどんな力ですか？

POINT

電荷間の力はクーロンの法則で説明される

電荷量と力の関係を表すクーロンの法則

物体が帯びている電気の量を電荷といいます。電荷には正（プラス）と負（マイナス）があり、同符号の電荷同士は反発し合い（斥力）、異符号の電荷同士は引きつけ合います（引力）。

電荷をもった物質同士が空間を隔てて、反発したり引き合ったりして及ぼし合う力を静電気力（クーロン力）といいます。

一つの電荷に他の電荷を近づけると、静電力がはたらきます。このように静電力がはたらく空間を電場（電界）といいます。

また、特に電荷分布が時間的に変化しない場合に生まれる電場を静電場（静電界）といいます。

静止した電荷のまわりの空間には、静電場が広がっています。電荷だけをもった大きさのない点と見なせる物体を点電荷といいます。静電気力は、2つの点電荷を結ぶ一直線上ではたらき、電荷同士が近ければ近いほど、電気量が大きければ大きいほど静電気力も大きくなります。

フランスの科学者クーロンは、静電場のこの特徴を「2つの点電荷の間にはたらく静電気力の大きさは、それぞれの電荷量の積に比例し、距離の二乗に反比例する」というクーロンの法則にまとめました。

この法則によって、2つの電荷量と電荷間の距離から、反発する力や引き合う力の大きさを計算することができます。静電気力が距離の二乗に反比例して弱くなる性質は、重力と同様です。そこで重力と同じように、電荷からは電力線という仮想的な力の線が出ていると考えます。

お答えしましょう！

電荷を持った物質同士が空間を隔てて及ぼし合う力を静電気力（クーロン力）といいます。

■ クーロン力とは

クーロン力は、電荷間にはたらく基本的な力で、静電気力とも呼ばれます。クーロンの法則によると、2つの点電荷（点電荷Aと点電荷B）の間にはたらく力Fは、次のように表されます。

$$F = k\frac{q_1 \times q_2}{r^2}$$

クーロンの法則の式で使われている文字は、次のような意味があります。

k：クーロン定数で、
値は約8.99×10^9 N・m^2/C^2
r：電荷間の距離
q_1とq_2：点電荷の電気量

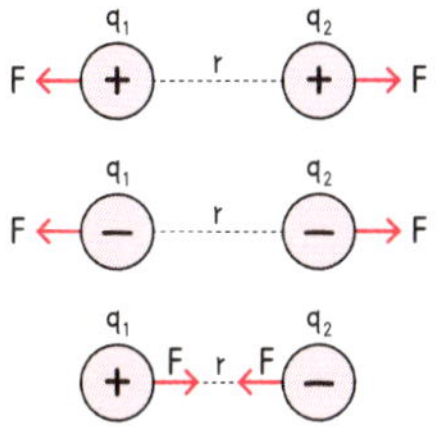

この式から、クーロン力は電荷の大きさが大きいほど、また電荷間の距離が近いほど強くなります。

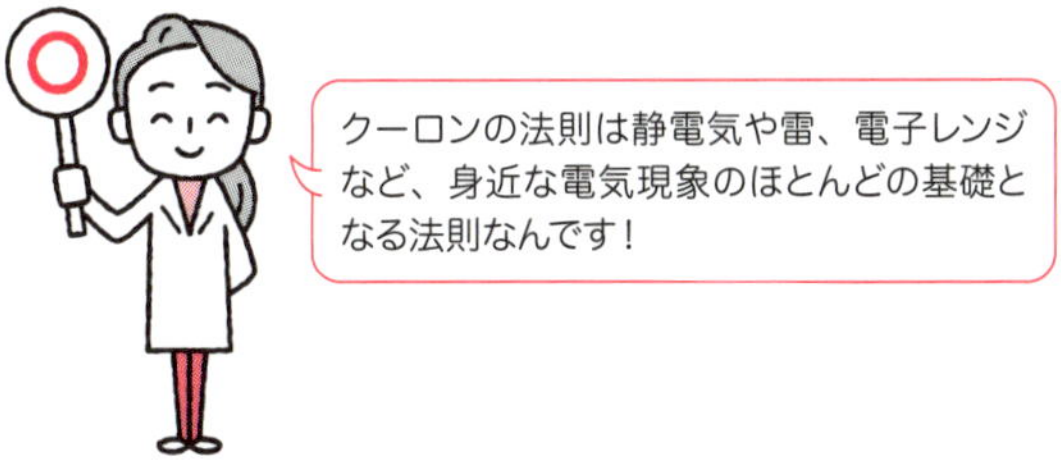

クーロンの法則は静電気や雷、電子レンジなど、身近な電気現象のほとんどの基礎となる法則なんです！

KEYWORD

電場 …… 帯電した物体のまわりにつくられる、他の電荷との間に静電気がはたらく空間。

電磁気

5

電位とは何を意味してるんですか？

電位は電荷の位置エネルギー

物体にはたらく力が、その物体の位置によって定まる空間領域を「場」といいます。物体の質量に対してはたらく力の場を重力場、電荷にはたらく力の場を電場といいます。場には、場のエネルギーが常に存在しています。

重力場に置かれた物体は重力による位置エネルギーをもっています。同じように**静電場における電荷の位置エネルギーを電位といいます**。

重力場では、物体を高いところから落とすと、物体は重力による位置エネルギーを運動エネルギーに変えながら落ちていき、位置エネルギーは小さくなっていきます。

電位の場合も、重力場における高さのようなもので、周囲の場とエネルギーのやり取りをしながら、位置エネルギーを変えていきます。静電場の場合、電位は静電ポテンシャルエネルギー（クーロンポテンシャル）ともいいます。

電位とは電気的なエネルギーの高さのことであり、一般的に、異なる電位のある2点間の電位の差を電圧といいます。電圧の単位はV（ボルト）で表します。

力学における質点（有限な質量をもつが大きさをもたない仮想的な点状の物体）の重力による位置エネルギー（重力ポテンシャル）は、質量に比例し、質点からの距離に反比例します。

同じように、点電荷（電荷だけを持った大きさのない点）の電位（静電ポテンシャルエネルギー）は、電荷に比例し、点電荷からの距離に反比例します。

POINT

電位は静電ポテンシャルエネルギーとも呼ぶ

お答えしましょう!

静電場における電荷の位置エネルギーを電位といいます。

■ 電場

電場は、電荷が周囲に与える影響を表す物理的な場であり、電荷が存在する空間における力の分布を示します。 電場をこいのぼりでイメージしてみましょう。 こいは電荷をイメージでき、こいのぼりが高く上がっているほど強い電場を示しています。 こいのぼりを揺らす風は電場の方向を表します。 風が吹いている方向にこいのぼりが揺れる様子は正電荷が受ける力の方向を示しており、電場がどのようにはたらくかを直感的に理解できます。

■ 電位

電位は、電場内の特定の点における電気的な位置エネルギーを示す量で、単位はボルト(V)です。 電位は、基準点に対して定義されるため、相対的な値として扱われます。 電荷は、電位の高い場所から低い場所に向かって移動します。 そのため、この電位差によって電流が流れます。

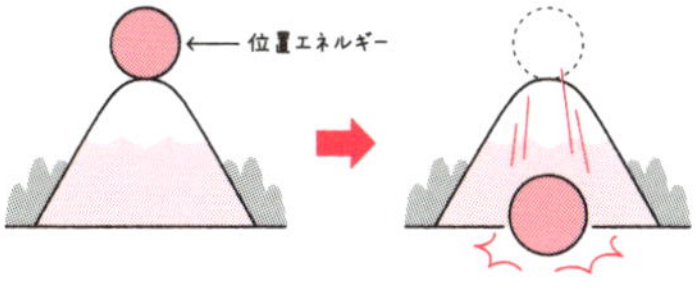

KEYWORD

電位 …… 静電場における電荷の位置エネルギーを電位という。

電磁気

6

どうして電気を流すと物質が熱くなるんですか？

POINT

オームの法則から、電流は電圧に比例し、抵抗に反比例する

電圧、電流、抵抗の関係を表すオームの法則

電流の流れにくさを、抵抗（電気抵抗）といいます。 抵抗が大きいと電流は流れにくくなり、抵抗が小さいと電流は流れやすくなります。抵抗の単位はΩ（オーム）です。

電圧、電流、抵抗の関係を表すのがオームの法則です。**この法則は「導体に流れる電流は電圧に比例し、その導体の抵抗に反比例する」というものです。**

抵抗の大きさが同じなら電圧が高いほど電流は大きくなり、電圧が同じなら抵抗が大きいほど電流は小さくなります。これを式で表すと、

電圧＝抵抗×電流

電流と抵抗を求める場合は、

電流＝電圧÷抵抗

抵抗＝電圧÷電流

となります。

抵抗がある導体に電流を流すと、熱が発生します。 この熱をジュール熱といい、単位はJ（ジュール）です。

電気抵抗がゼロではない導体に電流が流れると、導体の中を電子が移動します。電子は移動しながら導体中の原子や分子とぶつかって、原子や分子を振動させ、その結果、導体の温度を高くします。

電流が流れることで発生する熱量は、電流が大きいほど、流れる時間が長いほど大きくなります。これを式で表すと、

熱量＝電圧×電流×時間

となります。この法則をジュールの法則といいます。ジュールの法則によって、電気ストーブや電気ヒーターのように、電流の熱効果を利用した電気機器が動作します。

お答えしましょう!

抵抗が大きいほど電流は流れにくくなり、抵抗が小さいほど電流は流れやすくなります。

■ オームの法則

オームの法則は、電気回路における電圧、電流、抵抗の関係を示す基本的な法則です。オームの法則は次の式で表されます。

電圧 ＝ 電流 × 抵抗

オームの法則の重要な点は、抵抗が一定の条件下では、電流は電圧に対して直接比例するということです。また、抵抗は材料や形状に依存し、導体の種類や温度によって変化します。

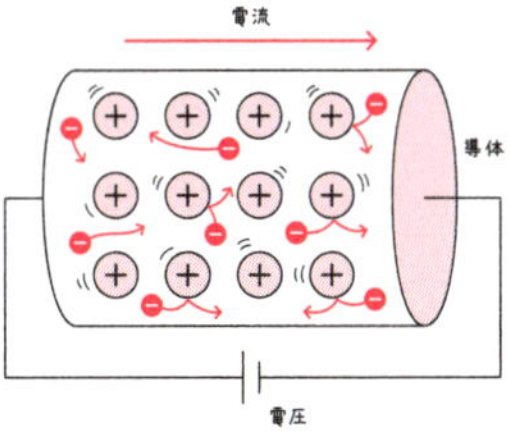

たとえば、電熱器やトースターなどの電気機器では、電流が抵抗を通過する際に熱が生成され、それが料理や加熱に利用されています。

■ ジュールの法則

ジュールの法則は、電流が抵抗を通るときに発生する熱エネルギーの量を示す法則です。ジュールの法則は、次の式で表されます。

熱量 ＝ 電圧 × 電流 × 時間

ジュールの法則は、電気回路におけるエネルギーの変換を理解する上で重要です。

KEYWORD

消費電力 …… 単位時間当たりのジュール熱を消費電力といい、単位はW(ワット)。

電磁気

7

超電導の仕組みを教えてください！

POINT

リニアモーターカーは超電導で浮上走行する

エネルギー損失ゼロの超電導技術

いま開発が進んでいるリニアモーターカーは、電磁石で車体を浮上させて走行します。この電磁石の金属コイルに利用されているのが、超電導です。

あらゆる物質には電気抵抗があります。中でも金属は電気をよく通しますが、電気抵抗はゼロにはなりません。また、物質に電気を流すとその一部は熱となって失われてしまい、電気をすべて伝えることはできません。

しかし、**ある特定の物質を混ぜ合わせた金属を、一定の温度以下の状態にすると電気抵抗がゼロになります。この現象を超電導といい、**その温度のことを臨界温度と呼びます。超電導は、熱が発生することがなく、エネルギーの損失もゼロになります。

鉄道車両は車輪とレールの摩擦を利用して走っていますが、速度が非常に速くなると、車輪が空転してそれ以上速度が上がらなくなります。そこでリニアモーターカーは、車両に取り付けられた超電導磁石と、線路となるガイドウェイの電磁石が引き合ったり反発したりする作用を使い、車両を浮上させて走ります。車両には、N極とS極の超電導磁石が交互に配置され、ガイドウェイの推進コイルに電流を流し、N極とS極を交互に切り替えることで、列車を前に進めることができます。

また、高温超電導と呼ばれる現象もあり、これは通常の超電導よりも高い温度で超電導状態になる物質です。高温超電導の実用化が進むことで、電力損失を抑えた送電や強力な電磁石の開発が期待されています。

お答えしましょう！

リニアモーターカーには、極低温で電気抵抗がゼロになる超電導技術が使われています。

■ 超電導の仕組み

いう特性があります。 超電導体が超電導状態に入ると、内部の磁場が排除され、周囲の磁場を反発します。 この現象により、超電導体の上に置かれた磁石が浮かぶことができます。リニアモーターなどは、この浮上力によって車両がレールから浮き上がり、摩擦なく高速で移動することができます。 これにより、エネルギー効率が高まり、滑らかな走行が実現されます。

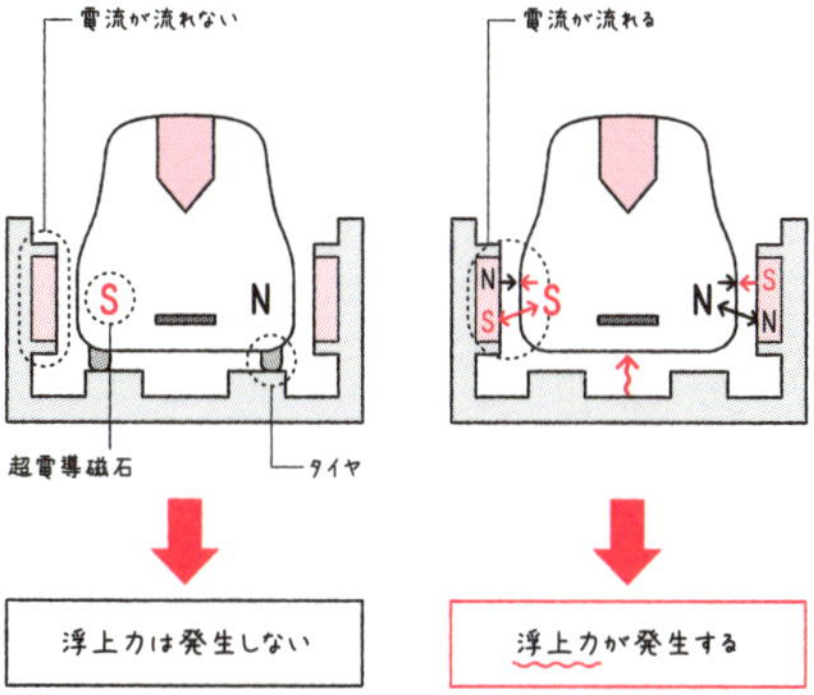

KEYWORD

マイスナー効果……磁場中に超伝導体を置いたとき、磁場を超伝導体の中から外に排除してしまう現象。

電磁気

8

電池とコンデンサって何が違うんですか？

POINT

コンデンサは短時間で大きな電流を流すことができる

電気を蓄え、放出するコンデンサ

電池（バッテリー）とコンデンサは、どちらも電気を蓄えておき、蓄えた電気を放出するものです。しかし、その電気の貯め方や放出のし方には、違いがあります。

電池は、内部のプラス極の材料とマイナス極の材料との間で起こる化学反応によって、電気を起こし、外部へと流します。

1800年頃、イタリアの物理学者ボルタが発明したボルタの電池では、希硫酸に銅板（プラス極）と亜鉛板（マイナス極）を入れると、亜鉛板から亜鉛イオンが溶け出し、亜鉛板には電子が残ります。亜鉛板に残された電子は、導線を伝わって銅板へ移動します。この電子の移動によって、電流が発生します。

一方**コンデンサは、電気を通さない誘電体（絶縁体）を2枚の金属の電極板で挟み込んだもの**です。2枚の電極板に直流電流を流そうとすると、電極板の間に絶縁体があるため、片方の電極に電子が集まってマイナスに帯電し、もう一方の電極板はプラスに帯電します。電圧を取り去っても、電極板に貯まった電荷は維持されます。コンデンサにどのくらいの電荷を蓄えられるかを表す量を電気容量（静電容量）といい、F（ファラド）という単位で表します。

電池と比べてコンデンサの充放電速度は速く、同じサイズの電池に対して大きな電流を流すことが可能なため、現代の電子機器に不可欠な部品であり、エネルギーの蓄積と供給、信号の処理において重要な役割を果たしています。

お答えしましょう！

電池とコンデンサはどちらも電気を蓄え、放出しますが、その仕組みにはいろいろな違いがあります。

■ 電池とコンデンサ

電池とコンデンサは、エネルギーを蓄えるためのデバイスですが、機能や原理が異なります。

電池は化学エネルギーを電気エネルギーに変換する装置です。 内部には電解質と電極があり、化学反応を通じて電子を放出したり受け取ったりします。 この反応によって、電流が発生し、外部回路に供給されます。

コンデンサは電場を利用して電気エネルギーを蓄えるデバイスです。2つの導体が絶縁体（誘電体）で隔てられており、電圧がかかるとプレートに電荷が蓄積されます。 コンデンサは急速に充電・放電できる特性があり、瞬時の電流供給が必要な場合に適しています。

電池は化学反応に基づく長時間の電源供給に対し、コンデンサは短時間でのエネルギー放出に特化しています。

電池

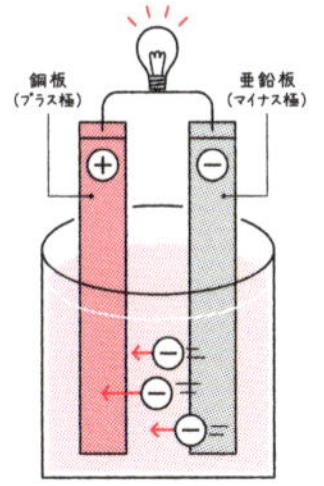

コンデンサ

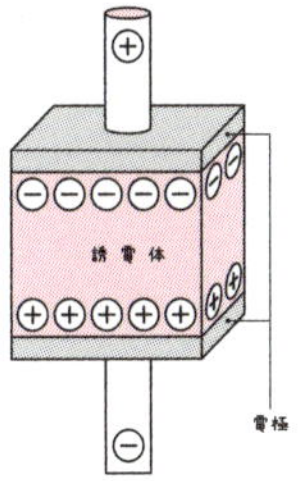

KEYWORD

コンデンサ……電気エネルギーを蓄えるための電子部品で、2枚の導体（プレート）が絶縁体（誘電体）を挟んで配置されている。

コンデンサに蓄えられる静電エネルギーって何ですか？

POINT

コンデンサが仕事をすることで、放電が起こる

コンデンサは仕事をするエネルギーを持っている

充電されたコンデンサに豆電球をつなぐと、電流が流れて一瞬光ります。また充電したコンデンサにモーターをつなげると、モーターに付いた羽根が回転します。これはコンデンサがもっているエネルギーが、光エネルギーや運動エネルギーに変換されたということです。つまり、**コンデンサに電気が蓄えられることで、コンデンサは仕事をするエネルギーをもっている**ということになります。コンデンサが何らかの仕事をすることを放電といいます。

充電されていないコンデンサに電池をつなぐと、極板間の電圧が電池の電圧と等しくなるまで、電極板に電荷（電流）が運ばれます。この過程を充電といい、蓄えられたエネルギーを静電エネルギーといいます。コンデンサ内部に蓄えられた静電エネルギーの大きさは、

電気容量×電圧の2乗÷2

という式で求められます。この式から、電圧が高くなるほど、また電気容量が大きくなるほど、コンデンサに蓄えられるエネルギーが増加することがわかります。

また静電エネルギーは、電場の中での電荷の移動や配置によっても変化します。電荷が静電場の中を移動する際には、そのエネルギーが変わります。例えば、電荷が高電位から低電位へ移動する場合、エネルギーが放出され、逆に低電位から高電位へ移動する場合はエネルギーが必要になります。

お答えしましょう!

コンデンサの充電過程で蓄えられた電極板上の電荷によるポテンシャルエネルギーが静電エネルギーです。

■ 静電エネルギー

静電エネルギーは、静電場の中に存在する電荷がもつエネルギーであり、電荷同士の相互作用に基づいています。 このエネルギーは、電荷の位置や大きさによって変化します。 静電エネルギーUは、109ページで学習したクーロン力の式に電荷間の距離をかけることで求められ、次の式で表されます。

$$U = k\,\frac{q_1 \times q_2}{r}$$

この式から、同じ符号の電荷同士はエネルギーが正になり、反発し合うことがわかります。 一方、異なる符号の電荷同士はエネルギーが負となり、引き合うことになります。 例えば、コンデンサに蓄えられたエネルギーは、静電エネルギーとして電気回路に供給され、さまざまなデバイスの動作に利用されます。

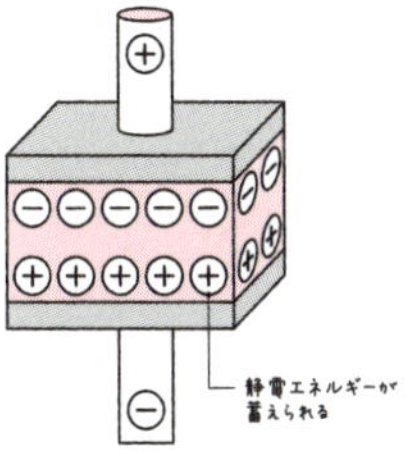

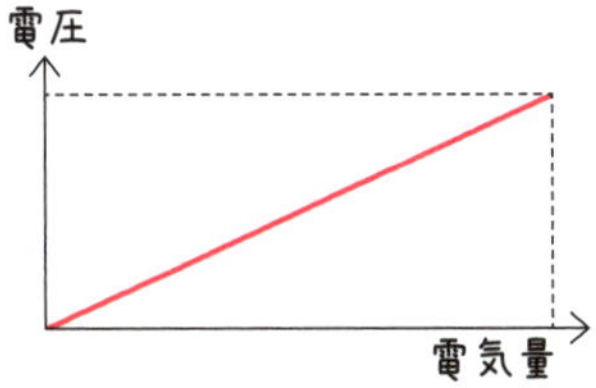

KEYWORD

静電エネルギー …… 静電場における電荷の位置に関連するエネルギー。このエネルギーは、電荷間の相互作用によって生じる。

電磁気

10

電気と磁気ってどんな関係があるんですか？

POINT

電気と磁気はお互いに影響を及ぼし合っている

電気と磁気は影響を及ぼし合っている

電気と磁気は、お互いに関係のない別々なものに見えます。しかし、19世紀にデンマークの物理学者エルステッドが、**電流が磁場**（磁気力が作用する空間）**をつくり出す**ことを発見し、電気と磁気の性質を扱う電磁気学の基礎を確立しました。

エルステッドが発見した、**導線に電流を流すとその周囲に磁場が発生する**現象は、電流の磁気作用と呼ばれています。

電気と磁気は似たところが多く、影響を及ぼし合っています。

電気には正（プラス）と負（マイナス）という極性があり、異なる極性同士は引きつけ合い、同じ極性同士は反発し合います。**磁石にはN極とS極があり、異なる極同士は引きつけ合い、同じ極同士は反発し合います。**

磁石が互いに引き合ったり反発したりする現象を磁気といい、その力を静磁気力（磁力）といいます。

磁石の周囲には、常にN極からS極へと流れる静磁気力がはたらいています。静磁気力を理解するためには、まず「磁場」を理解する必要があります。磁場は、磁性体や電流がつくり出す空間領域で、磁力線によって表されます。磁場は、周囲の磁性体や電流に影響を与え、これによって静磁気力が生じます。

2つの極が帯びているそれぞれの磁荷の間にはたらく磁気力は、それぞれの磁荷に比例し、磁極の間の距離の2乗に反比例します。正の値なら反発する力、負の値なら引きつけ合う力を表しています。

お答えしましょう!

まったく違うようで、似たところが多い電気と磁気の性質を扱うのが電磁気学です。

■ 磁場と磁力線

磁場の強さは、距離や磁石の大きさ、電流の強さに依存します。例えば、磁石の近くでは強い磁場が存在しますが、距離が離れると磁場は弱まります。磁力線は、磁場の強さと方向を視覚的に示すための概念です。磁力線は磁石のN極からS極に向かい、曲線を描きながら続いています。密に描かれた磁力線は磁場が強いことを示し、まばらな部分は磁場が弱いことを示します。また、磁力線同士は交差しないため、磁場の方向を明確に示します。

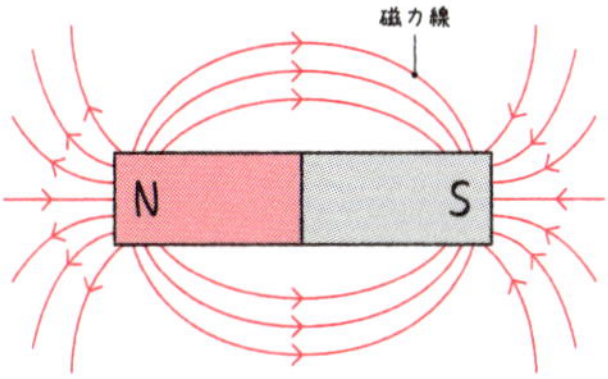

■ 静磁気力

磁気力は、主に2つの磁石間で発生します。磁石の北極と南極は互いに引き合い、同じ極同士は反発します。この相互作用は、クーロン力に似ており、磁場の強さと距離に依存します。磁石が近づくと、引力や反発力が増し、距離が遠くなると力が減少します。

静磁気力はMRI(磁気共鳴画像法)などの医療機器で使用され、静磁気力を利用することで体内の構造を可視化することができますよ。

KEYWORD

磁力線…… 磁石のN極が受ける磁力の向きに沿ってN極からS極に引いた仮想的な線。

電磁気

11

フレミング左手の法則ってどんな法則ですか？

POINT

電流と磁場が垂直のとき法則が成り立つ

磁場の中で電流が受ける力の向きを示す法則

磁石によって発生した磁界の中に導体を置いて電流を流すと力がはたらきます。

磁場の中で電流にはたらく力の向きは、左手の中指、人指し指、親指をお互いに直角になるようにして、中指を電流の向き、人さし指を磁場の向きに合わせると、このときの親指の向きが、電流が磁界から受ける力の向きになります。

この**電流の向きと磁界の向きから電流が受ける力の向きを求める法則が、フレミングの左手の法則です**。この方法は、フレミングが考案した覚え方で、中指、人さし指、親指の順に「電(流の向き)、磁(会の向き)、力(の向き)」と覚えます。

磁界と電流との相互作用で発生する力を電磁力といい、電流が磁場の中で受ける力をアンペール力といいます。電流と磁場が垂直の場合、アンペール力の向きに対してフレミングの左手の法則が成り立ちます。

また磁場の中で電流が力を受けるということは、荷電粒子一つひとつが力を受けるということです。この荷電粒子が磁場の中を運動するときに、磁場によって受ける力をローレンツ力といいます。

電流が磁場から受ける力で回転しているのがモーターです。磁界の中に導線のコイルを置いて電流を流すと、電流が流れる方向によってコイルの一方には上向きの力、もう一方には下向きの力がはたらきます。コイルが半回転するごとに電流の向きを逆にして連続回転しています。

お答えしましょう!

左手の3つの指で電流、磁力、力の向きがわかるのがフレミングの左手の法則です。

■ フレミング左手の法則

フレミング左手の法則は、左手の親指、人差し指、中指を互いに直角に立てて理解する法則です。親指は導体に流れる電流の方向を、人差し指は磁場の方向、中指は導体にはたらく力の方向を表します。具体的には、電流が磁場の中を移動すると、その導体は力を受けて動くという流れです。

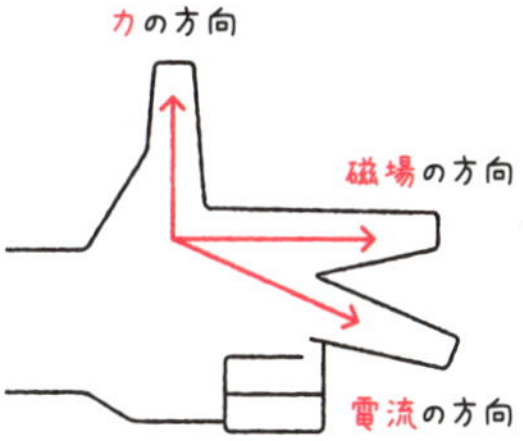

■ 電磁気回転

電磁気回転は、フレミング左手の法則に基づき、電流が流れる導体が磁場内で回転する現象のことをいいます。導体に電流が流れ、外部の磁場と相互作用すると、導体は力を受け、回転します。

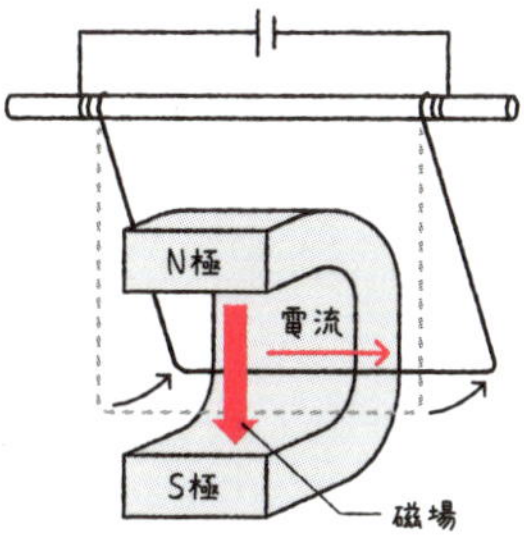

KEYWORD

電磁気回転 …… コイルに電流を流して磁場を発生させ、磁石のN極とN極、S極とS極という同じ極の反発力を利用して回転軸を回す。

電磁気

12

電磁誘導はどうやって発生しますか？

POINT

誘導起電力によって、誘導連流は流れる

磁界の変化によって電流が流れる

コイルに磁石を近づけると、電流が発生します。次に磁石をコイルから遠ざけると、逆方向に電流が流れます。

このように**コイルのまわりの磁界が変化すると、コイルに電流が流れます**。この現象を電磁誘導といい、流れる電流を誘導電流といいます。また電磁誘導によってコイルに発生する電圧を誘導起電力といいます。

イギリスの科学者ファラデーは、電流を流すと磁気が発生するのなら、磁気を発生させると電流を生むことができるのではないかと考え、誘導起電力の大きさを示す法則を見つけました。

これがファラデーの電磁誘導の法則で「閉じた回路に発生する誘導起電力（電圧）は、その回路によって囲まれた面積を通過する磁束の本数（磁束密度）の時間変化に比例する」というものです。

誘導電流は、コイルの巻き数が多ければ多いほど、磁石を速く動かせば動かすほど、また磁力が強ければ強いほど大きな電流になります。

電磁誘導を利用したものが、コイルを回転させて電流を発生させる発電所の発電機です。

発電機は、落下する水や蒸気等を利用してタービンを回転させ、誘導起電力によって導線に電流を流します。

電磁誘導によって磁石やコイルを動かすという仕事を電気エネルギーに変えることが可能になりました。今日では発電から電磁誘導を利用して加熱する調理器まで、電気エネルギーは私たちの生活を支えています。

お答えしましょう!

コイルのまわりの磁界が変化すると、コイルに誘導電流が流れる現象が電磁誘導です。

■ 電磁誘導

電磁誘導は、磁場の変化によって導体内に電流が発生する現象です。導体が変化する磁場の中に置かれると、その導体内に誘導電流が流れます。なお、誘導電流の大きさは、磁束の変化率に比例します。

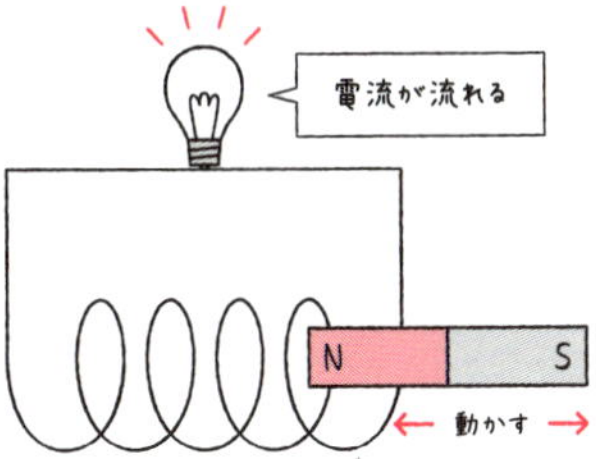

■ うず電流

うず電流は、導体内で発生する電流の一種で、外部の磁場が変化することによって導体内部に渦を巻くように流れる電流です。うず電流は通常、導体の抵抗により発生し、電流が流れる方向は外部の磁場の変化に逆らう方向になります。これにより、うず電流は熱を生じ、導体が加熱されることがあります。

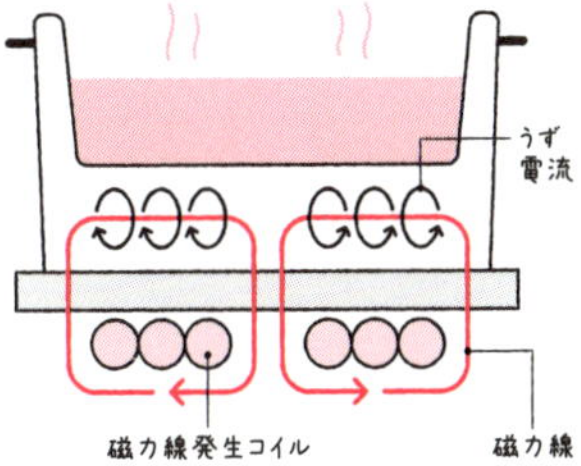

KEYWORD

うず電流……電気をよく通す金属の近くで磁石を動かすと、金属に渦電流といううず状の誘導電流が発生する。

電磁気

13

なぜコンセントには＋極と－極がないのですか？

プラスマイナスが変わる交流の存在

みなさんは、電流が＋極から－極に流れるという認識を、きっともっているでしょう。これは間違っておりません。しかし、私たちがふだん使っているコンセントには、＋極や－極といった表記が書いておりません。これには、電流の種類が直流と交流の二種類あることが関係しています。

＋極と－極が明確に存在し、一定の方向に流れる電流のことを直流（DC）といいます。直流は、主に電池やバッテリー、太陽光発電システムなどに使用されており、特に充電や電源供給において重宝されます。

一方、**＋極と－極が明確に存在せず、電流の向きと大きさが周期的に変化する電流を交流（AC）といいます。**コンセントには、＋極と－極がないのは、交流電流が使用されているためです。交流電流の利点の一つは、電圧を簡単に変換できることです。トランスを使うことで、高電圧で効率的に長距離送電が可能になり、変電所で安全な低電圧に変換できます。これにより、送電ロスを最小限に抑えることができるのです。また、一般的には50Hzまたは60Hzの周波数で供給されます。

このように、コンセントに＋極と－極が存在しないのは、交流電流の特性によるものです。交流は、効率的な電力供給を可能にし、私たちの日常生活において不可欠な要素となっています。電気エネルギーは、家庭の照明や家電、産業機器など、あらゆる場面で私たちの生活を支える重要な存在です。

POINT
交流は家庭や産業で広く使われている

お答えしましょう!

コンセントは交流電流を使用しているため、＋極と－極が常に変わるからです。

■ 直流と交流

直流

流は、電流が＋極から－極へと、一定の方向に流れる電流です。常に同じ電圧で供給されるため、波形が平坦になります。

交流

交流は、電流の向きと大きさが周期的に変化する電流です。交流の波形は正弦波であり、これにより家庭や商業施設の電力供給に広く使用されています。

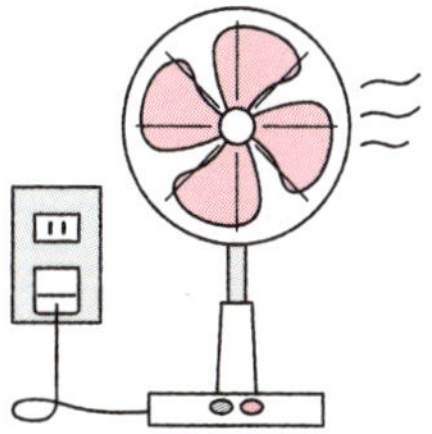

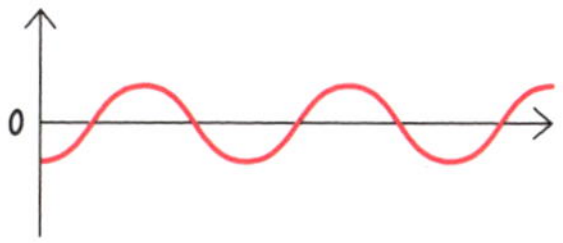

KEYWORD

直流…… ＋極から－極へ流れる電流。
交流…… 電流の向きと大きさが周期的に変化する電流。

電磁気

14

ワイヤレス充電の仕組みを教えてください！

POINT

ワイヤレス充電は、距離や配置を適切にする必要がある

ワイヤレス充電を可能にする電磁誘導

ワイヤレス充電は、電磁石の原理を活用した便利な技術です。まず、ワイヤレス充電器にはは送信側のコイルと受信側のコイルがあります。送信側のコイルに電流が流れると、その周囲に磁界が発生します。このとき、電流が流れるコイルは電磁石の役割を果たし、磁界を形成します。このとき、右ねじの法則が関係してきます。**右ねじの法則とは、電流の向きに従って右ねじを回すと、ねじの進む方向が磁場の向きになるというものです。**この法則により、コイルに流れる電流がつくり出す磁場の向きが定まります。

次に、受信側のコイルが送信側のコイルの近くに置かれると、送信側のコイルから発生する変化する磁場が受信側のコイルを貫通します。ファラデーの電磁誘導の法則により、この変化する磁場によって受信側のコイルに誘導電流が発生します。**誘導電流は、受信側のコイルがもつ巻き数や磁場の変化の速さによって大きさが変わります。**

この誘導電流によって、受信側のデバイス（スマートフォンなど）が充電されます。ワイヤレス充電の利点は、接触がなくても電力を供給できる点です。デバイスを充電するためにケーブルを接続する手間が省け、使用が便利になります。

日常生活において、スマートフォンやワイヤレスイヤフォンなどの充電に利用されており、今後ますます普及していくことでしょう。この技術は、電磁誘導の応用の一例として非常に重要なのです。

お答えしましょう!

電磁誘導の原理を利用して、直接ケーブルを接続していなくても充電できるようにしています。

■ 右ねじの法則

右ねじの法則は、電流と磁界の関係を示す法則です。右ねじの法則は、右手の親指を電流の流れる方向(+から−へ向かう)に向け、他の指を曲げると、その指が示す方向が磁界の向きになります。この法則は、特にコイルや電磁石のような、電流が流れたときに磁界がつくられたときの磁界の向きを理解するために使われます。例えば、コイルに電流を流すと、コイルの中心に強い磁界が形成され、その磁界の向きはコイルの軸に沿った方向になるのです。

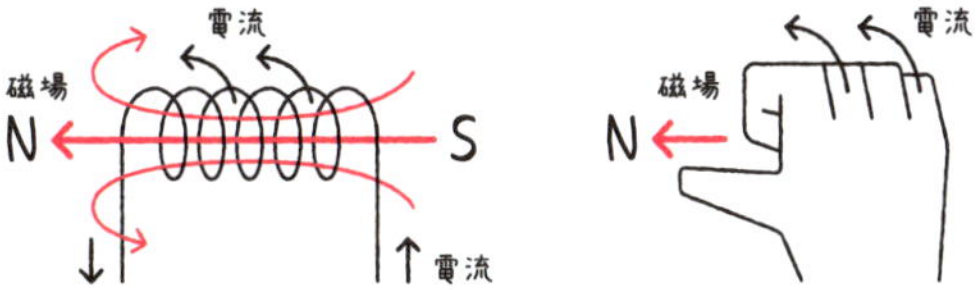

■ 電磁石

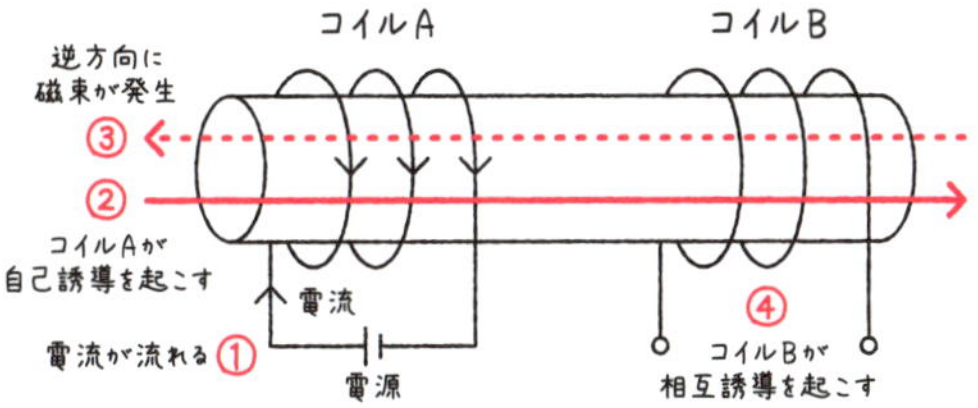

KEYWORD

ファラデーの電磁誘導……変化する磁場が導体内に電圧を生じさせる現象で、誘導起電力は磁束の時間変化に比例する。

電磁気

15

回路にはどんな種類があるんですか？

POINT

抵抗やコンデンサは直流回路でも使用される

コイルやコンデンサを組み合わせたRLC回路

回路にはさまざまな種類があり、特にコイルやコンデンサは重要な役割を果たしています。中でも**RLC回路は、抵抗（R）、コイル（L）、コンデンサ（C）が組み合わさった回路**で、交流信号の処理において重要です。

ＲＬＣ回路の特性は、抵抗、コイル、コンデンサが互いに影響を与え合うことによって生じます。抵抗はエネルギーを熱として散逸させ、コイルはエネルギーを磁場として蓄え、コンデンサはエネルギーを電場として蓄えます。これらが組み合わさることで、ＲＬＣ回路は共振現象を示します。共振とは、波動分野で学習したものと同じで、特定の周波数で回路が最大の電流を流す現象です。これはＲＬＣ回路が特定の周波数に対して敏感であることを意味します。

発電所では、コイルが回転することで発生する誘導起電力が利用されます。この過程で、落下する水や蒸気のエネルギーが運動エネルギーに変換され、電気エネルギーとして供給されます。コンデンサもこのプロセスに関与し、電流の変動を抑える役割を果たします。

このように、コイルやコンデンサは回路において非常に重要な要素であり、特にＲＬＣ回路は電気信号の処理や共振現象において重要な役割を果たします。電気エネルギーは私たちの日常生活を支える重要な要素であり、これらの回路素子がその基盤を築いています。理解することで、様々な電子機器や通信技術への応用が可能になります。

お答えしましょう!

交流では、抵抗、コイル、コンデンサが組み合わさったRLC回路が利用されます。

■ 直流回路

直流回路は、一定の方向に電流が流れる回路です。直流回路の基本要素には、電源、抵抗、導線があり、電源は電圧を提供し、抵抗は電流の流れを制限します。キルヒホッフの法則やオームの法則を使って、回路内の電流や電圧を計算することができます。

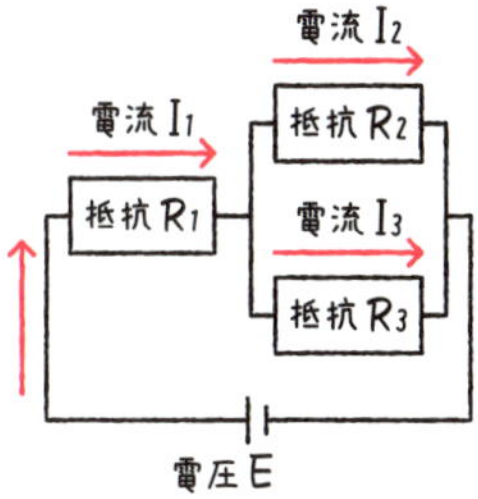

■ 交流回路

交流回路は、電圧と電流の値が時間とともに変動する回路です。 交流回路の基本的な要素には、電源、抵抗、コイル、コンデンサがあり、これらの要素が互いに影響を及ぼし合います。 特に、コイルやコンデンサは、電流の位相をずらす特性があり、これによって回路のインピーダンス（抵抗とリアクタンスの合成）が変化します。

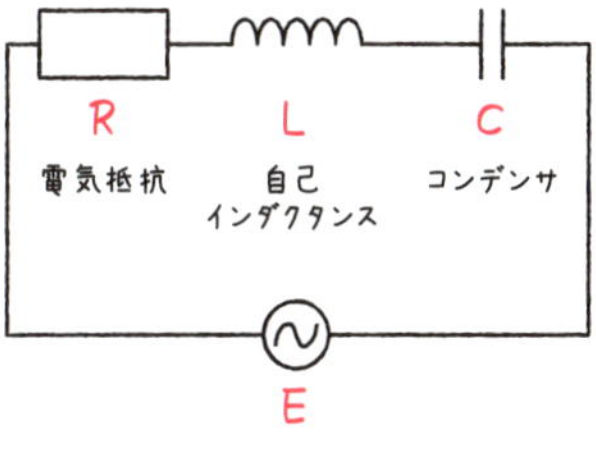

KEYWORD

インピーダンス……交流回路における抵抗のような役割を果たす量で、インピーダンスは周波数に依存し、複素数で表される。

電磁気

16

電子レンジはどんな仕組みで温めているのですか？

POINT

水分子の振動が食材全体を温めている

電気振動から出るマイクロ波で加熱

電子レンジは、特有の電気振動を利用して食材を温める効率的な調理器具です。電気振動とは、電流が周期的に変化する現象で、交流電流のように一定の周波数で変動します。**この振動が生じると、電場が時間とともに変化し、それに伴って電気エネルギーが空間を伝播します。**

電子レンジの内部には、マイクロ波を生成するマグネトロンという装置があります。このマグネトロンは、直流電流を高周波の電気振動に変換し、その振動からマイクロ波を発生させます。マイクロ波は、水分子が最も効果的にエネルギーを吸収できる周波数をもちます。

マイクロ波が食材に当たると、水分子はそのエネルギーを吸収し、振動し始めます。この振動が他の水分子にも伝播し、結果として食材全体が温まります。この過程は、電気振動と物質の相互作用に基づいており、電気エネルギーが熱エネルギーに変換される瞬間です。

さらに、電子レンジの内部には回転皿があり、これによって食材が均等にマイクロ波にさらされることが促進されます。もし回転皿がなければ、特定の場所だけが過剰に加熱される可能性があります。この回転により、マイクロ波が全体に行き渡り、均一な加熱が実現されます。

このように、電子レンジは電気振動を巧みに利用している調理器具なのです。短時間で食材を温めるだけでなく、エネルギーの効率も高く、現代のキッチンに欠かせない存在となっています。

お答えしましょう!

直流電流を高周波の電気振動に変換し、その振動からマイクロ波を発生させて温めます。

■ 電気振動

電気振動は、電流や電圧が時間とともに周期的に変化する現象です。 この振動は、主に交流電流に関連していて、一定の周波数で繰り返されます。
電気振動の基本的な仕組みは、コイルやコンデンサなどの受動素子に関係しています。 例えば、LC回路(コイルとコンデンサからなる回路)では、電荷がコンデンサに蓄えられ、一定の電圧が発生します。 この電圧がコイルに流れることで、電流が生成されます。 これにより、電流と電圧が交互に増減し、エネルギーが回路内で振動します。

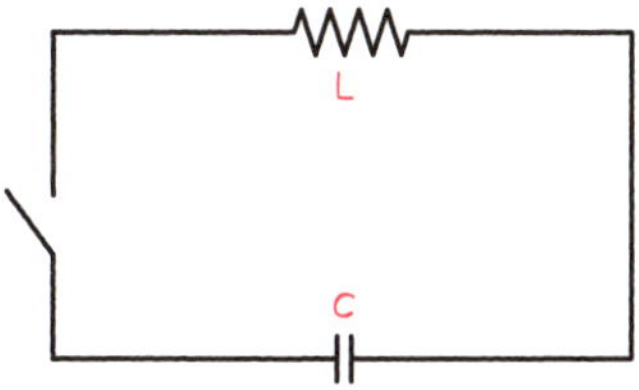

電気振動は、ラジオ波やマイクロ波などの電磁波を発生し、無線通信や電子レンジなどで利用されます。また、電気機器の動作や信号処理においても重要で、さまざまな技術の基盤となっているのです。

KEYWORD

マグネトロン…… 電子レンジやレーダーに使用される高周波発振器で、直流電流をマイクロ波に変換する役割をもつ。

電磁気

17 電気自動車の仕組みについて教えてください！

いま注目されている環境にやさしい自動車

電気自動車（EV）は、効率的かつ環境にやさしい移動手段として注目されています。その仕組みの中心には、電気モーターがあります。**電気自動車は、バッテリーから供給される電気エネルギーを使ってモーターを駆動し、車両を動かします。**

モーターの中では、永久磁石とコイルが重要な役割を果たします。永久磁石は常に一定の磁場を生成し、この磁場がコイルに流れる電流と相互作用することで回転力（トルク）が生まれます。この現象は、ファラデーの電磁誘導の法則に基づいており、**電流が流れることで生じる磁場が、永久磁石の磁場と相互作用します。**この相互作用によって、電気エネルギーが機械的エネルギーに変換され、車両が前進するのです。

電気自動車の動力源であるバッテリーは、充電によってエネルギーを蓄えます。このバッテリーからの電流がコイルに供給され、電磁誘導によりモーターが回転します。さらに、電気自動車は再生ブレーキシステムをもっており、ブレーキをかけるときに発生するエネルギーを回収し、バッテリーに戻すことができます。このシステムも、電磁誘導の原理を利用しています。

こうして、電気自動車は電気エネルギーを効率的に利用し、持続可能な移動手段を提供しています。環境への影響を最小限に抑えつつ、高い性能を発揮する電気自動車は、未来の交通手段としてますます重要な役割を果たすことでしょう。

POINT

永久磁石とコイルの活用が、電気自動車の根幹となっている

お答えしましょう!

バッテリーから供給される電気エネルギーを使ってモーターを駆動し、車両を動かします。

■ 直流永久磁石モーターの仕組み

①モーターが回転するとき、整流子がブラシに接触して電流を供給し、それによって回転します。

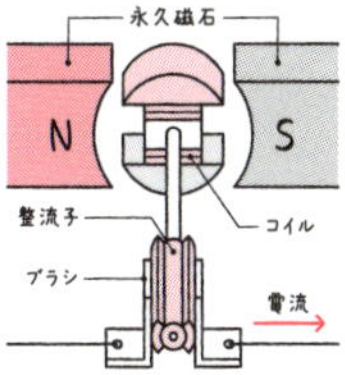

②整流子が一瞬接触しないタイミングがあります。これにより、コイルに流れる電流の向きを制御しています。

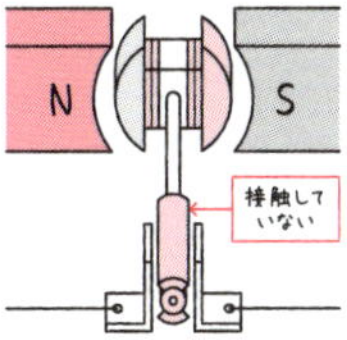

③これが繰り返され、常にモーターを回転させることができています。

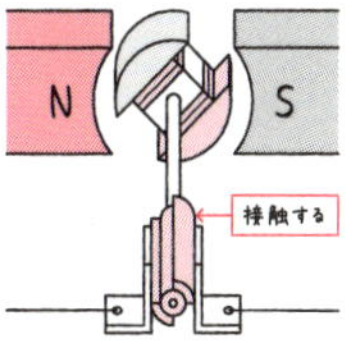

永久磁石モーターを直流ではなく交流を使う場合、電流の向きは勝手に調整できるため、整流子を使わないことがほとんどです。

KEYWORD

永久磁石……外部からのエネルギー供給なしに、常に一定の磁場を発生させる材料で、内部の原子が整然と配列されることで、持続的な磁場が形成される。

電子……102ページ
原子核の周りに分布し、原子を構成している素粒子。マイナスの電荷をもっている。

静電誘導……104ページ
自由電子が移動することによって、導体の電荷に偏りが生まれる現象のこと。

LED（発光ダイオード）……106ページ
p型とn型の2種類の半導体を接合した半導体素子。電圧が素子を通ると光エネルギーを発する。

電場……108ページ
帯電した物体のまわりに静電力が発生し、電荷と電荷の間に力を伝える空間。

電位……110ページ
静電場における電荷の位置エネルギーを電位という。

消費電力……112ページ
単位時間当たりのジュール熱を消費電力といい、単位はW（ワット）。

マイスナー効果……114ページ
磁場の中に超伝導体を置いたとき、磁場を超伝導体の中から外に排除してしまう現象。

コンデンサ……116ページ
電気エネルギーを蓄えるための電子部品で、二つの導体（プレート）が絶縁体（誘電体）を挟んで配置されている。

静電エネルギー……118ページ
静電場における電荷の位置に関連するエネルギー。このエネルギーは、電荷間の相互作用によって生じる。

磁力線……120ページ
磁石のN極が受ける磁力の向きに沿ってN極からS極に引いた仮想的な線。

電磁気回転……122ページ
コイルに電流を流して磁場を発生させ、磁石のN極とN極、S極とS極という同じ極の反発力を利用して回転軸を回す。

うず電流……124ページ
電気をよく通す金属の近くで磁石を動かすと、金属に渦電流といううず状の誘導電流が発生する。

交流……126ページ
電流の向きと大きさが周期的に変化する電流。

ファラデーの電磁誘導……128ページ
変化する磁場が導体内に電圧を生じさせる現象で、誘導起電力は磁束の時間変化に比例する。

インピーダンス……130ページ
交流回路における抵抗のような役割を果たす量で、インピーダンスは周波数に依存し、複素数で表される。

マグネトロン……132ページジページ
電子レンジやレーダーに使用される高周波発振器で、直流電流をマイクロ波に変換する役割をもつ。

永久磁石……134ページ
外部からのエネルギー供給なしに、常に一定の磁場を発生させる材料で、内部の原子が整然と配列されることで、持続的な磁場が形成される。

第5章

目に見えないものをとらえる「原子」

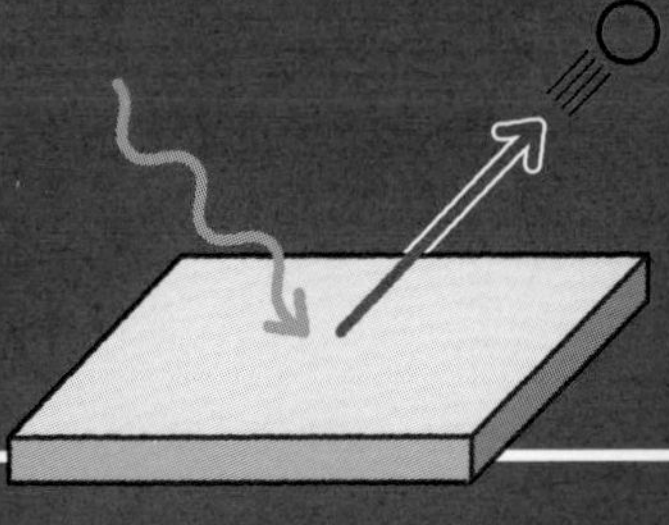

原子分野では、原子の構造や性質を探求します。基本的な概念には原子モデルや電子配置、放射線などが含まれます。これらの理論は、化学反応や核エネルギー、半導体技術に関連し、現代のレントゲンや原子力発電などの技術に大きく寄与しています。

原子

1

物質をつくる原子は何からできているんですか？

POINT

原子は原子核と電子から構成され、電気的に中性である

物質を構成する原子のつくり

私たちの身のまわりにあるあらゆる物体を構成する物質は、すべて原子からできています。では、原子は何によって構成されているのでしょうか？

原子は陽子と中性子からなる原子核と、そのまわりをとりまく電子からできています。電子はマイナスの電荷を、陽子はプラスの電荷をもち、中性子は電気的に中性です。**原子全体は電気的に中性のため、ある原子に含まれる電子と陽子の数は等しくなります。**

このような原子の構造は、初めから予想されていたわけではありません。実験から電子が原子の構成要素であることはわかっていたものの、他の正電荷をもった要素がどのように分布しているのかはわかっていませんでした。

ラザフォードは、原子の構造を調べるために、金属にα線（ヘリウムの原子核）をぶつける実験を行いました。その結果、α線の一部だけが大きく散乱されました。α線は正電荷をもつことから、静電気力により正電荷との間には斥力がはたらきます。このことから、α線が散乱されたごく狭い領域にのみ金属原子の正電荷をもつ要素が存在することが明らかになり、この要素を原子核とした原子模型が提案されました。

電子は静電気力による引力で原子核に束縛されています。また、原子核内の陽子や中性子は、静電気力による斥力よりも大きな引力である核力により結びついているため、束縛状態を保つことができます。

お答えしましょう!

原子は、陽子と中性子からなる原子核と、そのまわりをとりまく電子から構成されています。

■ 原子の構成

原子は物質の基本的な構成単位であり、おもに陽子、中性子、電子から成り立っています。陽子と中性子は原子核を形成し、原子の中心に位置しています。陽子は正の電荷をもち、中性子は電荷をもたず、電子は原子核の周囲をまわっている負の電荷をもつ粒子です。

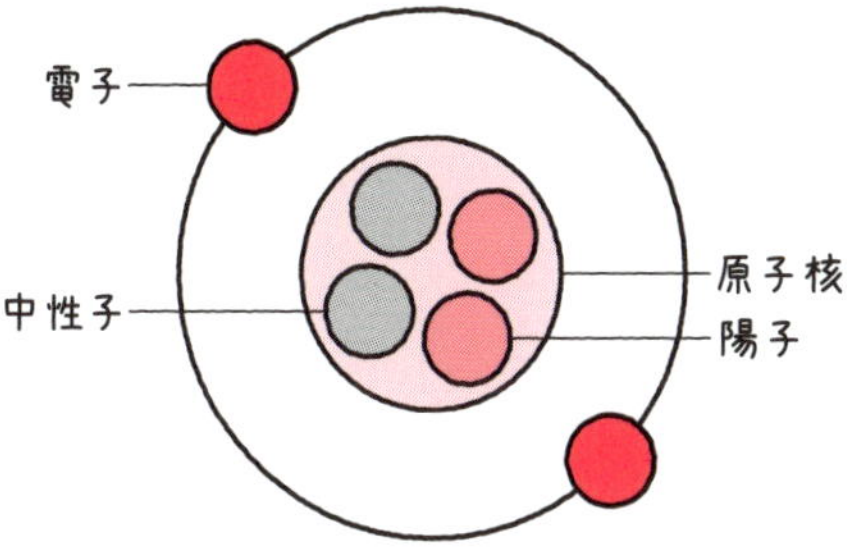

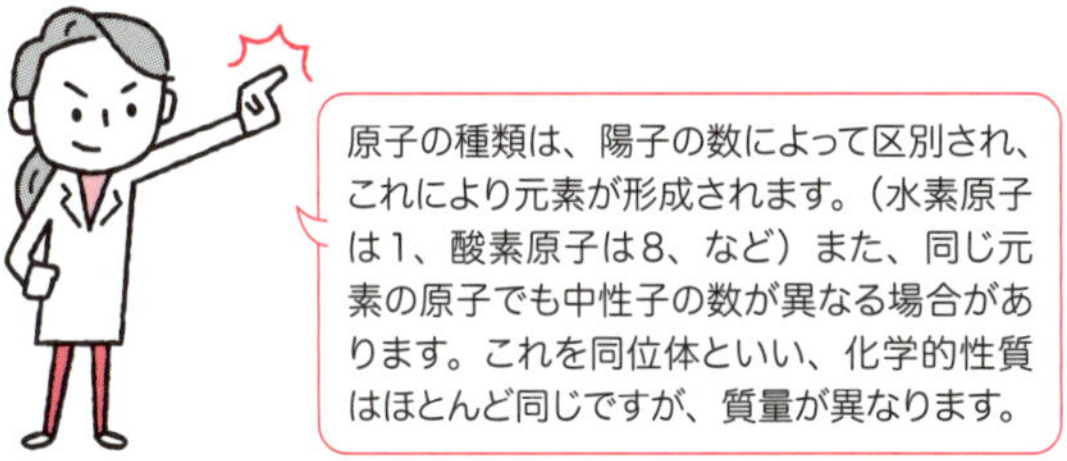

原子の種類は、陽子の数によって区別され、これにより元素が形成されます。（水素原子は1、酸素原子は8、など）また、同じ元素の原子でも中性子の数が異なる場合があります。これを同位体といい、化学的性質はほとんど同じですが、質量が異なります。

KEYWORD

原子核……陽子と中性子からなる原子の中心部分。

原子

2

太陽電池に関係のある光電効果って何ですか?

POINT

太陽電池は、半導体に光を当てると電気が流れる仕組み

光から電流を得る光電効果の仕組み

太陽の光エネルギーを電気エネルギーに変える装置である太陽電池。この電池の仕組みには、光電効果が深く関わっています。光電効果とは一体どのような現象なのでしょうか。

光電効果とは、金属などの物質に光を当てたときに、物質中から電子が飛び出す現象のことをいいます。物質中の電子に光が当たると、電子は光がもっているエネルギーを受け取ります。一方、電子を物質中から取り出すのにはエネルギーが必要であり、このエネルギーを仕事関数といいます。つまり、**仕事関数よりも光から受け取ったエネルギーの方が大きい場合にのみ、電子は外部に飛び出すことができる**のです。

光電効果によって物質外に飛び出した電子を捉えて電気を流すことはできますが、電子があちこちに飛び出すと発電の安定性に欠けます。光を電気に変えて効率よく取り出すために、太陽電池には内部光電効果が利用されています。

半導体に光を当てることを考えてみましょう。純粋な半導体中の電子は身動きが取れず電気を流しません。しかし、光を当てて電子のエネルギーを上げると、身動きが取れない状態から飛び出して電気を流すようになります。このように、物質の内部で起きる光電効果のことを内部光電効果といいます。つまり太陽電池は、半導体の性質を応用することで、光電効果により生じた電子を効率的に回路に流し、電気を生み出しているのです。

お答えしましょう!

光電効果とは、金属などの物質に光を当てたときに、物質中から電子が飛び出す現象です。

■ 光電効果の仕組み

光電効果の仕組みは、次のようになります。

①光子が金属表面の電子に衝突すると、光子のエネルギーが電子に吸収されます。
②このとき、光子のエネルギーが仕事関数を超えると、電子は金属から放出されます。 放出された電子の運動エネルギーは、光子のエネルギーから金属の仕事関数を引いたものに等しくなります。
③放出された電子が金属表面を離れると、これらの自由電子が集まって電流を生成します。 この現象は、光電効果を利用した光センサーや太陽電池の基本的な仕組みの一部となっています。

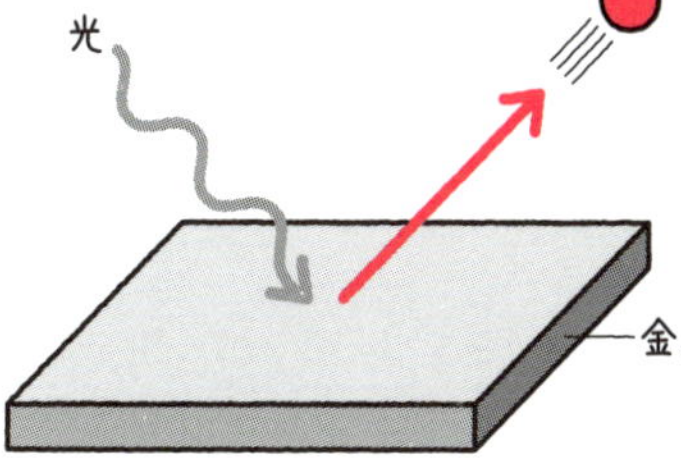

KEYWORD

仕事関数 …… 電子を金属表面から取り出すのに必要な最小エネルギー。

3 光は粒子としての性質をもって本当ですか？

POINT
光の粒子性を実証したのがコンプトン効果である

光の粒子性を示すコンプトン効果

前に扱った光電効果は、アインシュタインが提唱した光量子仮説によって説明されます。この仮説では、光を光子という粒子の集まりとして捉えます。光量子仮説を確実にした実験として、コンプトン効果というものがあります。

物質中の電子に光が当たると、電子はエネルギーを受け取りますが、仕事関数よりも大きいエネルギーの場合は電子が外部に飛び出します。実際に光を当ててみると、電子にぶつかった光がさまざまな方向に跳ね飛ばされる散乱現象が多く生じます。散乱された後の光の波長を測定してみると、**大きく曲がった光ほど、散乱前の波長よりも長くなる**ことがわかりました。この現象をコンプトン効果といいます。

光が波の性質しかもたないのであれば、散乱によって波長が変化することはありません。しかし、光量子仮説に基づき、光を粒子として考えると、ちょうどビリヤードの球の衝突と同じように問題を考えることができます。

散乱を運動量保存の観点から考えてみましょう。散乱前は電子が静止しているため、光子のみが運動量をもっています。一方、**散乱後は電子も運動量をもつため、散乱後の光子の運動量は減少します**。

光子の運動量は、プランク定数を波長で割ることで求められることが知られており、この式からも、光子の運動量が小さくなると、光の波長が長くなることがわかります。

お答えしましょう!

コンプトン効果から、光が粒子としての性質をもつことが証明されました。

■ コンプトン効果とは

コンプトン効果は、X線やガンマ線などの高エネルギー光子が物質内の電子と衝突し、その結果、光子の波長が変化する現象を指します。コンプトン効果では、高エネルギーの光子が静止している電子と衝突します。この衝突により、光子のエネルギーの一部が電子に転送され、光子は新しい波長に変化し、電子は運動量をもつようになります。

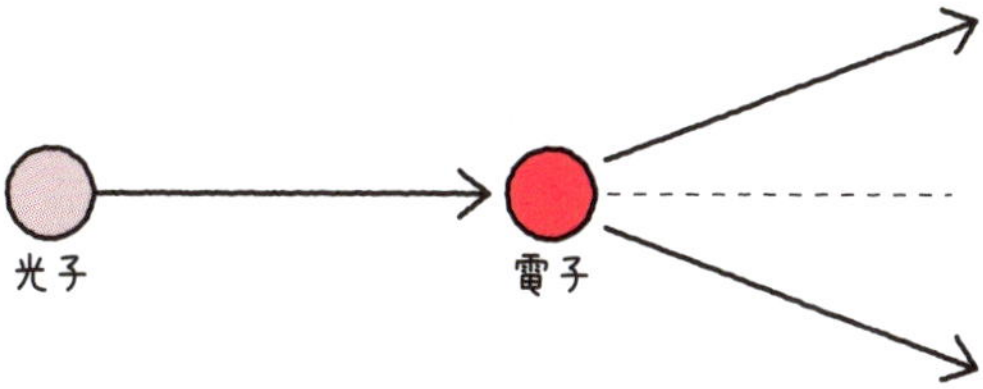

コンプトン効果は、光が粒子性をもつことを示すだけでなく、物質中での光と物質の相互作用を理解するための基礎になっています。これにより、X線撮影や放射線治療など、さまざまな分野で応用されています。

KEYWORD

光子の運動量…… プランク定数を波長で割ることで求められる。プランク定数とは、物質の種類によらない定数で、6.63 × 10の -34乗〔J・s〕の値である。

原子

4

レントゲン写真の原理について教えてください！

POINT

レントゲン写真はX線の透過性を利用して撮影している

レントゲン写真で使われるX線の性質

健康診断などでレントゲン写真を撮ったことがある人は多いと思います。レントゲン写真については、黒い背景に骨が映し出され、そこから健康状態を判断されている、というイメージをもっているかと思います。実際、レントゲン写真とはどのような原理で撮られたものなのでしょうか。

レントゲン写真にはX線が用いられています。X線は、別の研究をしていたレントゲンが偶然発見したもので、まったく未知のものであったことからX線という名前がつけられました。後に実験から、X線は非常に波長が短い電磁波であることがわかりました。波長が短く高いエネルギーをもつため、X線はコンプトン効果の実験にも用いられています。

X線には、蛍光物質を光らせてフィルムなどを感光させる性質や、物質中を透過するという性質があります。レントゲン写真は、X線がもつこの二つの性質を利用しています。

X線が物質中を透過するといっても、すべての物質を透過するわけではなく、物質の種類や密度によって透過のしやすさが異なります。例えば、X線は空気の多い部分は透過しやすい性質があります。そのため人体の場合、肺は透過しますが、骨や金属はあまり透過せずに吸収されます。つまり、フィルムを人体の後ろに置いた状態でX線を当てると、人体を透過してきたX線のみがフィルムを感光させて黒く色づき、レントゲン写真をつくっているのです。

お答えしましょう！

透過したX線がフィルムを感光させることでレントゲン写真を撮ることができます。

■レントゲン写真を可能にするX線

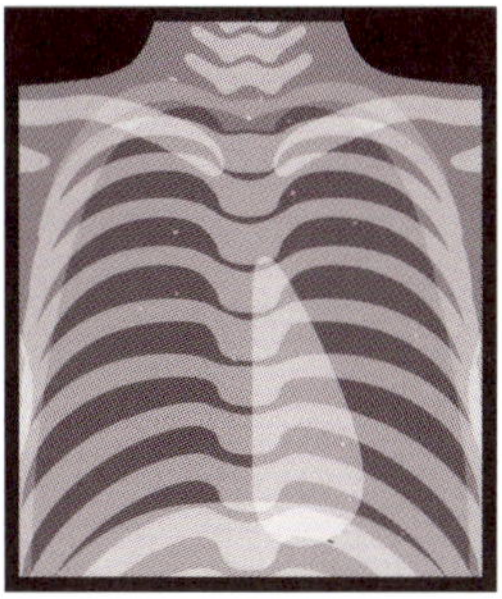

レントゲン写真を撮影するためには、まずX線を生成する必要があります。X線は電磁波の一種であり、通常の可視光よりも波長が非常に短いです。X線は、周囲の物質に対して異なる透過性をもっています。人体の場合、骨や歯は高い密度と原子番号を持ち、X線を多く吸収します。一方で、筋肉や脂肪は低い密度のため、X線をより透過しやすくなります。この特性を利用して、X線が撮影対象を透過し、異なる組織に応じた影のコントラストを生じさせることができます。

X線を生かしたものはレントゲン写真だけでなく、空港の手荷物検査や食品検査におけるパッケージ内の異物混入や不良品のチェック、文化財の内部構造を調べるためなどに使用されています。

KEYWORD

X線……波長が0.001ナノメートルから10ナノメートルという短い電磁波。

原子 5

質量が保存しない反応があるって本当ですか？

POINT

核反応によって質量は減少し、エネルギーが増加する

核反応によって質量が減少する

アインシュタインは、特殊相対性理論から質量とエネルギーが等価であるという式を導きました。 この式は、質量をもった物質はただそこにあるだけで莫大なエネルギーをもっていることを表しており、加速器を用いた核反応の実験によって検証されました。

コッククロフトらは、リチウムの原子核に加速した陽子をぶつけて、ヘリウムの原子核を二つ生成する実験を行いました。

測定の結果、反応の前後で質量の合計は減少し、反対に運動エネルギーの合計は増加していることがわかりました。つまり、**反応によって失われた質量が運動エネルギーに変換されたのです。** この実験から、アインシュタインの式が成り立つことが明らかになりました。

では、なぜ核反応が起きると系全体の質量が減少するのでしょうか？　その答えは、核子（陽子や中性子）には核力という強い引力がはたらくからです。核力で結びついた核子をバラバラにするには大きなエネルギーが必要です。このエネルギーを原子核の結合エネルギーといいます。このエネルギーをアインシュタインの式に当てはめると、核子をバラバラにしたときよりも原子核をつくったときの方が質量が小さくなることがわかります。この質量の差のことを質量欠損といいます。

原子核の種類によって結合エネルギーの大きさは異なるため、核反応の前後で系全体の質量が減少するのです。

お答えしましょう！

質量とエネルギーの等価性と結合エネルギーにより、核反応の前後で質量の合計は変化します。

■ 質量欠損ってどういうこと？

質量欠損とは、結合前の個々の核子（陽子や中性子）の質量の合計と、結合後の原子核の質量との差のことをいいます。原子核が結合するとき、核子は結合エネルギーによってより安定な状態になります。このとき、エネルギーが放出され、放出されたエネルギーの量に相当する分だけ、結合後の原子核の質量が減少するのです。

つまり、結合している原子核に結合エネルギーを加わると、エネルギーが大きくなり、核子がバラバラになります。

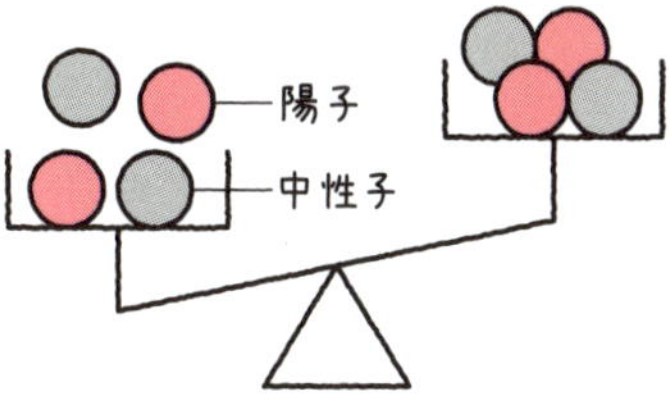

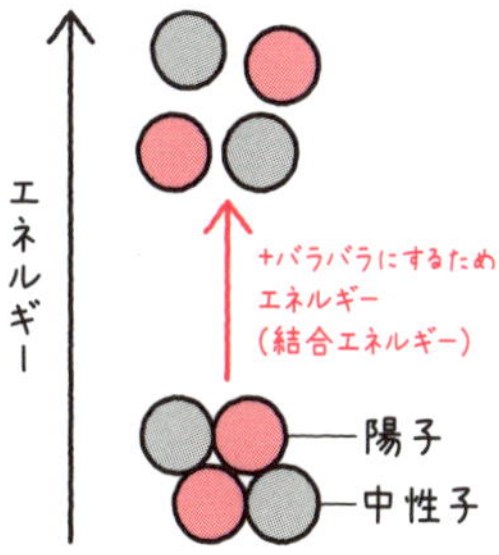

🔑 KEYWORD

質量とエネルギーの等価性 ……静止している物体のエネルギーは、物体の質量×真空中の光の速さの2乗で求められる。

原子
6

放射線ってどのような種類があるんですか？

POINT
それぞれの放射線は異なる特性をもち、用途が異なる

透過力が異なるさまざまな放射線

放射線とは、エネルギー的に不安定な原子核が安定な原子核に変化する（放射性崩壊）ときに放出されるもので、主にアルファ線、ベータ線、ガンマ線、X線、中性子線が知られています。それぞれの正体と性質を見ていきましょう。

アルファ線の正体は高速なヘリウムの原子核です。コッククロフトらの実験でも登場していました。原子核は正電荷を持ち、強い電離作用をもちます。**ベータ線の正体は高速な電子**で、負電荷をもちます。**ガンマ線の正体はX線よりもさらに波長が短い電磁波で、強い透過力があります。**また、X線も放射線の一種とされています。中性子線は中性子から成り、核反応の場で発生し、透過力が高いため特別な遮蔽が必要です。このように、それぞれの正体は異なりますが、どれも高エネルギーをもったビームであることがわかります。

さて、放射線はどのように役立てられているのでしょうか？　放射線の利用例の一つに非破壊検査があります。この検査では、レントゲン写真と同じようにX線やガンマ線を製品に当て、後方に置いたフィルムを感光させます。**放射線の透過力は物質の密度によって異なるため、目には見えない傷や欠陥を発見することができます。**

放射性崩壊を起こすような原子核は、崩壊によって徐々に数を減らします。この性質を利用して、考古学では、遺物などの年代を推測する放射年代測定が行われています。

お答えしましょう！

放射線には、主にアルファ線、ベータ線、ガンマ線、X線、中性子線の5種類があります。

■ 放射線の種類

放射線の種類と透過性の違いは、次のようになっています。

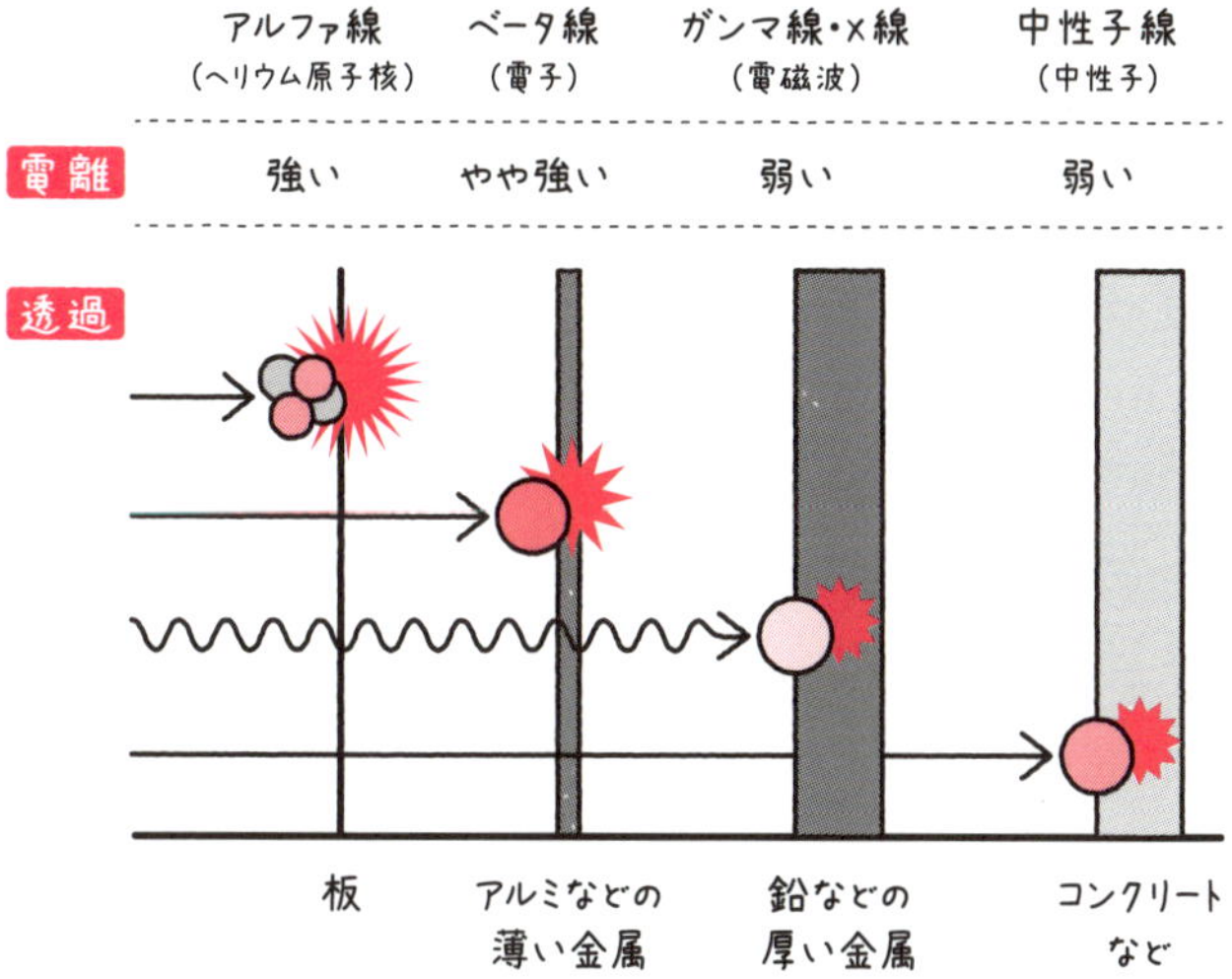

KEYWORD

放射線の透過力 …… 透過力の低い順番に、アルファ線、ベータ線、ガンマ線、X線、中性子線となる。

原子

7

核反応にはどんな決まりがあるんですか？

POINT

核反応はエネルギーと運動量を保存する

原子核の重さによって核反応の種類が変わる

原子核などが反応し別の原子核をつくる核反応では、化学反応でいうところの質量保存は成り立ちません。では、核反応はどのような法則に基づいて生じるのでしょうか？

核反応の前後では、核子の数、質量分を含めたエネルギー、運動量、電荷の和が保存します。

核反応の例を見てみましょう。窒素の原子核にヘリウムの原子核を衝突させる実験で、世界ではじめて人工的に行われた核反応実験です。この実験では、反応の前後でその数の総和が保存していることが確認できます。

核反応の中には、軽い原子核同士が融合してより重い原子核に変わる核融合反応と、重い原子核がより軽い原子核に分裂する核分裂反応があります。ここで、鉄の質量数に近い値をもった原子核は、核子一つあたりの結合エネルギーの最大をとります。そのため、**鉄よりも軽い原子核は核融合、鉄よりも重い原子核は核分裂を起こし、鉄の質量数に近づこうとします。**

核融合の例として太陽があります。太陽の内部では、四つの水素の原子核が核融合を繰り返して、安定したヘリウムの原子核へと変化します。反応の前後で質量が減少することは学習した通りですが、太陽の質量は一秒間に約四十億キログラムも減少しているといわれています。また、核融合は核分裂に比べて安全性が高く、放射性廃棄物が少ないため、将来的なエネルギー源として注目されています。

お答えしましょう!

不安定な原子核では、軽いものは核融合を起こし、重いものは核分裂を起こします。

■ 核融合

核融合とは、軽い原子核が高温・高圧の条件下で融合して、より重い原子核を形成する反応です。この反応により、膨大なエネルギーが放出されます。太陽では、主に水素原子核が融合してヘリウム原子核をつくり、その際に放出されるエネルギーが光や熱として地球に届きます。

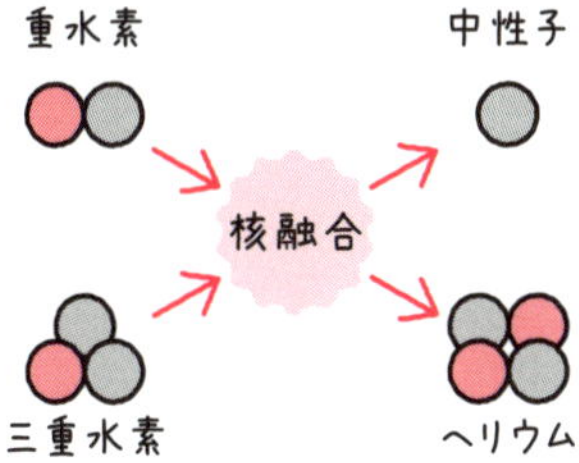

■ 核分裂

分裂とは、重い原子核が中性子の衝撃によって2つ以上の軽い原子核に分裂する現象です。この過程で大量のエネルギーが放出されるほか、新たに中性子も生成されます。ウラン235の核分裂で発生するエネルギーは主に熱や放射線の形で現れ、発電などに利用されます。

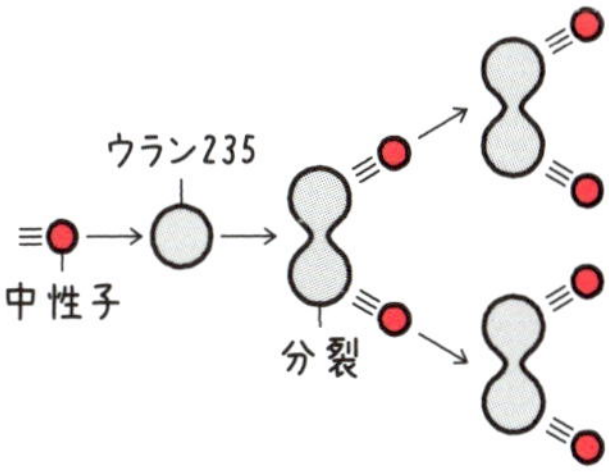

KEYWORD

核融合と核分裂……鉄よりも軽い原子核は核融合、重い原子核は核分裂を起こす。

原子

8

原子力発電のしくみについて教えてください！

POINT

原子力発電はメリットとリスクが共存している

核反応によって効率良くエネルギーを取り出す

核反応では質量が失われる代わりに、莫大なエネルギーが放出されます。原子力発電は、このエネルギーを発電に利用しています。

原子力発電では、ウランを核燃料として核分裂反応が起きています。 ウランに中性子を当てると、より軽い原子核に分裂するとともに中性子が放出され、この中性子がまた別のウランに当たって核分裂を起こします。このような連続的な核分裂を連鎖反応といいます。また、**核分裂は他の核反応に比べて反応前後での質量の変化が大きいため、より大きな核エネルギーを取り出すことができます。**

原子炉では、中性子の数や速度を制御しながら連鎖反応を起こし、発生した熱を水蒸気に変えてタービンを回すことで発電を行っています。

このように、原子力発電では燃料を燃やさずに発電するため、発電中に二酸化炭素を排出することはありません。さらに、核燃料の供給が安定していることや再利用が可能な点など多くのメリットがあります。

一方で、核分裂によって生成される原子核は不安定であり、強い放射能をもっています。過去に旧ソ連や日本で放射性物質が漏れ出る事故が起きており、広範囲に長期間の被害が及びました。また、放射性廃棄物の処理方法も課題となっています。

原子力発電は多くのメリットがありますが、同時に大きなリスクと課題を抱えているのです。

お答えしましょう!

連鎖的に核分裂反応を起こすことで核エネルギーを取り出し、発電を行っています。

■ 原子力発電の仕組み

原子力発電は、主にウラン235などの重い原子核が中性子と衝突して核分裂を起こし、その際に大量の熱エネルギーが放出されます。この熱で水を加熱して高温高圧の蒸気をつくり、蒸気がタービンを回転させることで発電機を動かして電気を生成します。

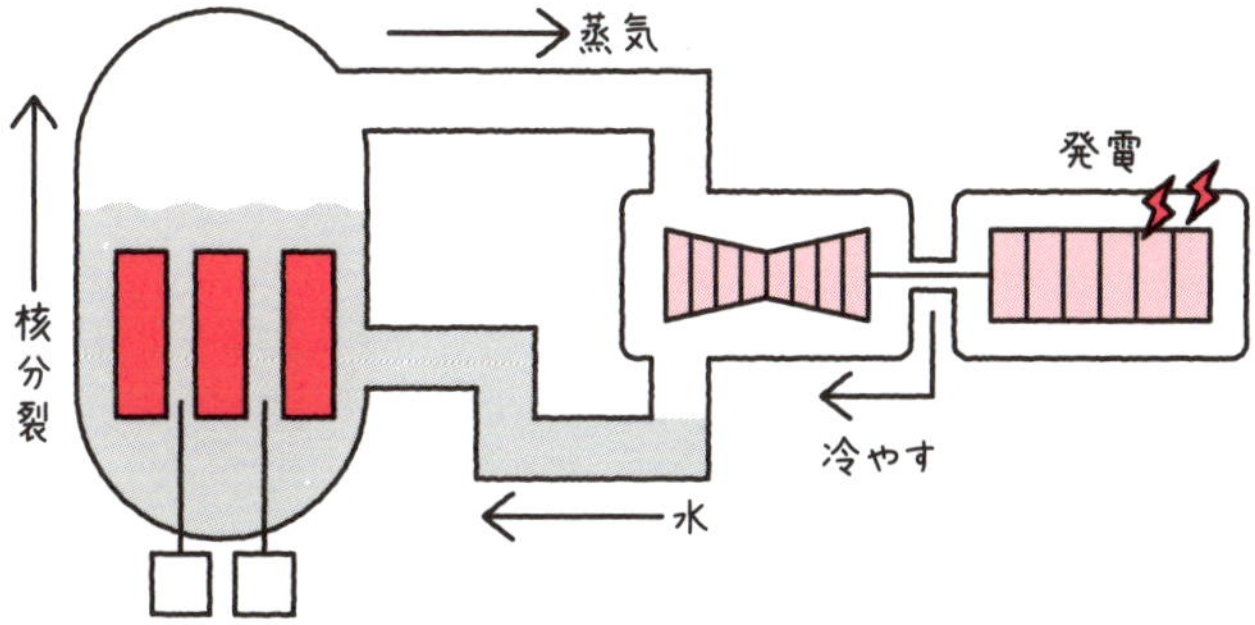

■ 連鎖反応

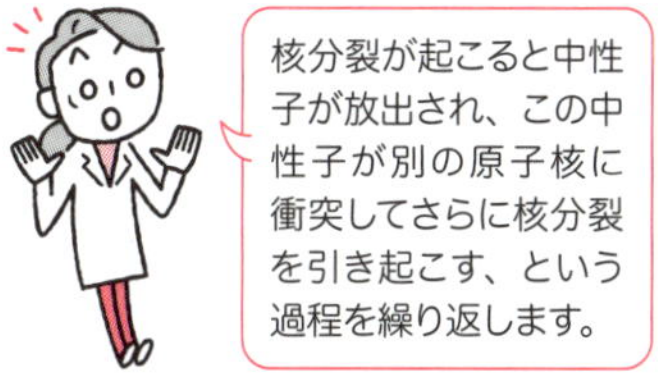
核分裂が起こると中性子が放出され、この中性子が別の原子核に衝突してさらに核分裂を引き起こす、という過程を繰り返します。

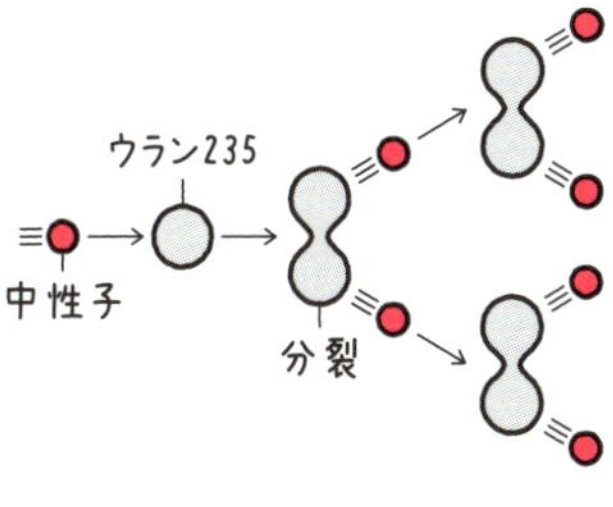

KEYWORD

連鎖反応 …… 核分裂によって放出された中性子が別の原子核に当たって連続的に核分裂を起こす反応。

おわりに

私たちの住む世界は、めまぐるしく、そして急速に変化しています。今までは、車や鉄道に見られるように、新しい技術が開発されて社会に導入されることで生活インフラが変化し、また経済も影響を受けて社会が変化していくというシナリオでした。そして、その社会の変化も時代とともに進む、比較的ゆっくりとした歩みでした。しかし近年、ＩＴ技術の発達や生成ＡＩなどの新しい技術の進歩により、科学技術と社会の関係は大幅に変化しています。私たちの生活は便利になっていますが、同時に、複雑で曖昧、かつ不確実で変動性が大きい社会へと移っています。

今後の科学技術は、どのようになっていくのでしょうか。そして、私たちの社会はどのように変化していくのでしょうか。残念ながら、誰も明確な答えを示すことはできないと思います。しかし、より良い社会に向けて、科学技術の進展の歩みが止まることはないでしょう。そして、物事・現象の機序を解き明かして普遍化していき、その機序を社会において見える化、あるいは制御できる形に創造していく「物理」の果たす役割は、今後ますます大きくなっていくでしょう。

本書は、身近にある小さなギモンを取り上げ、数式をなるべく使わずに物理の視点から解説した、物理の入門書です。本書を通して、このような身近な小さなギモンが「なるほど!」に変わることで、日常接している「物理」に興味をもって、ワクワクしていただければ、と願っております。

最後に、今回の企画をたちあげてくださり、最後まで支えていただいた藤村優也様、株式会社ダブルウイング御中、鈴木裕太様、村沢譲様、イラストレーターの神林美生様、デザイナーの山之口正和様、齋藤友貴様、誠にありがとうございました。皆様のご協力なしには、本書は完成にいたらなかったでしょう。心より感謝申し上げます。

大島まり

復元力――42、46
フックの法則――43
物質量――54
不導体――104、106
浮力――24、46
フレミング左手の法則――122
分子間力――60
平面波――84
ベータ線――148
変位――12、46
ホイヘンスの原理――84、100
ボイル・シャルルの法則――52、54
放射線――148
ポテンシャルエネルギー――60、110

ま行

摩擦力――18、46
右ねじの法則――128
モル――54、61、70

や行

誘導電流――124

ら行

力学――12
力積――36、46
理想気体の状態方程式――54
連鎖反応――152、154
レントゲン――144

中性子線 148
超電導 114
直流 126
定圧変化 56
抵抗 112
定在波 76
定積変化 56
てこの原理 28
電圧 112
電位 110、136
電気振動 132
電子 102、136
電磁誘導 124、136
電場 108、110、136
電流 112
等温変化 56
導体 104
動摩擦力 18
ドップラー効果 82、100
凸レンズ 92、100

な行

内部エネルギー 54、58、60
波 72
波の独立性 74
ニュートン 14
熱運動 48
熱機関 62
熱平衡状態 58
熱膨張 52、70
熱力学第一法則 50

は行

発光ダイオード 107、136
速さ 12
反射 88、100
半導体 106
万有引力 44、46
ヒートパイプ 64
ヒートポンプ 68
比熱 48、70
不可逆変化 50

コイル――130
向心力――38、44、46
交流――126、136
コージェネレーションシステム――66
光電効果――140
抗力――20、46
コンデンサ――116、118、130、136
コンプトン効果――142

さ行

作用・反作用の法則――14
散乱――94、100
紫外線――98、100
磁気――120
仕事――30、46
仕事関数――140、154
質量欠損――146
質量とエネルギーの等価性――146、154
磁場――120
周期――72
消費電力――112、136
磁力線――120、136
人工衛星――44
振動数――72、78
水圧――24
垂直抗力――20
正弦波――72
静止摩擦力――18
静電エネルギー――118、136
静電気――102
静電誘導――104、136
赤外線――96、100
絶縁体――104
セルシウス温度――48
潜熱――65、70
速度――12

た行

単振動――42
断熱変化――56
力のモーメント――28、46

索引

欧文

LED 107、136
RLC回路 130
X線 144、148、154

あ行

圧力 22、46
アボガドロ定数 55
アルキメデスの原理 24
アルファ線 148
位置エネルギー 32
運動エネルギー 32
運動方程式 14、46
運動量 34、46
うなり 80、100
遠心力 38、44
エントロピー 50、70
凹レンズ 92、100
オームの法則 112
温度 48

か行

回折 86、100
核反応 150
可視光 91
干渉 90、100
角運動量 40、46
重ね合わせの原理 74、100
加速度 12
カルノーサイクル 62、64
慣性の法則 14
慣性モーメント 40
慣性力 16、46
ガンマ線 148
気圧 22
球面波 84
共振 78、100
空気抵抗 20、26、46
クーロンの法則 108
屈折 88、100
原子核 138、154
原子力発電 152

監修：大島まり（おおしま・まり）

東京大学大学院情報学環　教授
東京大学生産技術研究所　教授

1992年に東京大学大学院工学系研究科博士課程修了後、東京大学生産技術研究所助手を経て、2005年より東京大学生産技術研究所教授となる。専門はバイオ・マイクロ流体工学。フジテレビドラマ「ガリレオ」の科学監修を務めたり、STEAM教育や理系女子の育成に力を入れるなど、多岐にわたり活躍。2022年に科学技術分野の文部科学大臣表彰を受賞。著書に『理系女性の人生設計ガイド 自分を生かす仕事と生き方』（講談社ブルーバックス）などがある。

身のまわりの仕組みがわかる
物理について大島まり先生に聞いてみた

2024年12月3日　第1刷発行

監　修	大島まり
発行人	川畑　勝
編集人	志村俊幸
編集長	藤村優也
発行所	株式会社Gakken
	〒141-8416 東京都品川区西五反田2-11-8
印刷所	中央精版印刷株式会社

●この本に関する各種お問い合わせ先
・本の内容については、下記サイトのお問い合わせフォームよりお願いします。
　https://www.corp-gakken.co.jp/contact/
・在庫については　Tel 03-6431-1201（販売部）
・不良品（落丁、乱丁）については　Tel 0570-000577
　学研業務センター　〒354-0045 埼玉県入間郡三芳町上富 279-1
・上記以外のお問い合わせは　Tel 0570-056-710（学研グループ総合案内）

©Mari Oshima 2024 Printed in Japan
本書の無断転載、複製、複写（コピー）、翻訳を禁じます。
本書を代行業者等の第三者に依頼してスキャンやデジタル化することは、
たとえ個人や家庭内の利用であっても、著作権法上、認められておりません。

学研グループの書籍・雑誌についての新刊情報・詳細情報は、下記をご覧ください。
学研出版サイト　　https://hon.gakken.jp/